软件测试
理论与实践教程

丁 蕊 主编

清华大学出版社
北 京

内 容 简 介

本书是国家一流本科课程"软件质量保证与测试"的配套教材,融合了学科竞赛、素质培养和科研入门等需求。本书围绕软件测试流程,系统阐述了软件测试的基本原理、软件测试的策略与方法、黑盒测试技术、白盒测试技术,并按照软件测试过程详细阐述了单元测试、集成测试、系统测试、验收测试和回归测试。在软件测试实际应用部分,面向全国大学生软件测试大赛,介绍了单元测试、性能测试、Web测试和移动测试的基本知识。此外,本书还介绍了软件测试自动化工具设计的相关知识。本书注重理论与实践相结合,内容详尽,并针对当前软件测试领域的热点和前沿问题进行介绍。

本书实用性强,可作为本科及大专院校软件测试课程的教材,也可作为软件测试相关科研工作者的入门参考书。

图书在版编目(CIP)数据

软件测试理论与实践教程 / 丁蕊主编. -- 北京 : 清华大学出版社,2024.12. -- ISBN 978-7-302-67802-1

Ⅰ. TP311.55

中国国家版本馆 CIP 数据核字第 2024B7Z261 号

责任编辑:吴梦佳
封面设计:常雪影
责任校对:李 梅
责任印制:刘 菲

出版发行:清华大学出版社
  网 址:https://www.tup.com.cn,https://www.wqxuetang.com
  地 址:北京清华大学学研大厦 A 座 邮 编:100084
  社 总 机:010-83470000 邮 购:010-62786544
  投稿与读者服务:010-62776969,c-service@tup.tsinghua.edu.cn
  质量反馈:010-62772015,zhiliang@tup.tsinghua.edu.cn
  课件下载:https://www.tup.com.cn,010-83470410
印 装 者:北京同文印刷有限责任公司
经 销:全国新华书店
开 本:185mm×260mm 印 张:13.75 字 数:332 千字
版 次:2024 年 12 月第 1 版 印 次:2024 年 12 月第 1 次印刷
定 价:49.00 元

产品编号:104867-01

前　言

随着软件规模和复杂程度的大幅度提升,如何保证软件产品质量的问题变得日益突出。软件测试是保证软件产品质量的重要手段,在整个软件生命周期中占有重要的地位。我国软件测试行业仍处于起步阶段,软件测试技术体系仍不够成熟,人才缺口较大。

软件测试是高等学校计算机、软件工程相关专业的主干课程。近年来,随着云计算、大数据、大模型等技术的不断发展,软件测试相关技术的发展日新月异。因此,软件测试的教学内容也需要进行同步更新。

作为培养软件工程人才的课程,软件测试的教学目的不仅是教会学生使用软件测试工具,更重要的是通过对软件测试基础理论和测试工具的学习,理解软件测试的基本知识和方法,了解测试自动化工具设计与实现的底层逻辑。软件测试课程的教学目标是学生在毕业后用到课堂中学习的软件测试方法,可以选择适合的测试工具,能够很快地掌握软件测试工具,甚至根据需要设计自动化测试工具、探索软件测试的新方法和新技巧。

本书注重基本理论与基本技能的教学,重点体现国家一流课程的竞赛和科研特色。本书面向初、中级读者介绍了软件测试的基本理论和当前流行的一些软件测试技术,较为全面地涵盖了当前软件测试领域的专业知识,并反映了当前最新的软件测试理论、技术和工具。

本书主要内容包括3部分。第1部分软件测试理论涉及概念、流程、分类、策略和方法等;软件测试方法和过程,黑盒测试方法涉及等价类、边界值、决策表、因果图、场景法、正交试验法、错误猜测法和规范导出法,白盒测试方法包括基本路径测试法和逻辑覆盖测试法,同时融合了科研元素的自动化测试工具设计,如插装、随机测试、蜕变测试和变异测试等。第2部分软件测试实际应用介绍软件测试自动化工具的使用,包括单元测试工具JUnit、性能测试工具JMeter等,还面向具体应用和学科竞赛讲解了Web测试和移动测试。第3部分软件测试实验与工具设置了6个实验,其中两个常规软件测试基础实验、两个自动化测试工具设计实验,以及两个自动化测试工具使用的实验。

本书课后习题的参考答案可登录清华大学出版社官网下载。

本书标 * 的内容为选学内容,读者可根据需要和能力选择性学习。

本书主要特色如下。

1. 内容全面系统,知识体系完整

本书涵盖了软件测试的多个方面,从基础概念到经典方法再到实际应用和实验,知识体系完整,可帮助读者全面了解软件测试的细节和方法。

2. 实践性强

本书在讲解理论的同时提供了大量实例,并介绍了 JUnit、JMeter 等多个常用软件测试工具,使读者能够更好地理解软件测试理论并应用于测试实践。本书设置的软件测试实验题目针对性强,既包含基础实验,也包括引领入门的科研实验。

3. 科研引领,提高课程高阶性

本书结合软件测试研究的新进展,加入科研内容和案例,如智能算法生成测试用例实例、变异测试等。本书深入探究前沿问题,引领学生科研入门。

本书在编写过程中得到多位领导、同事和同学的支持与帮助,尤其霍婷婷老师为本书提供了大量插图和部分实验文本;高艳菁、韦蓓蓓和张畅航参与了部分校稿工作,在此表示衷心的感谢。我们也参阅了大量国内外的专著、教材、论文、报告及网络资料,在此对相关作者表示衷心的感谢。本书得到黑龙江省教育厅项目(面向工程教育认证的软件工程专业课程群构建研究与实践,SJGY20220607)和牡丹江师范学院教材专项项目资助。

由于编者水平有限,书中难免存在疏漏,敬请广大读者批评指正。

丁 蕊

2024 年 6 月

目　录

第 2 部分　软件测试实际应用

第 3 部分　软件测试实验与工具

第1部分

软件测试理论

第1章 软件测试概述

软件测试在软件开发过程中具有不可替代的作用。作为软件质量保证的重要手段,软件测试的目的是在软件开发生命周期的各个阶段,通过各种测试手段,发现软件中存在的缺陷和问题,确保软件符合需求和质量标准。

软件测试概述

本章首先说明软件测试领域中的基本术语和概念;然后简要说明软件测试行业现状,接着说明软件测试的过程,以及测试充分性准则。通过本章的学习,读者能够重点理解软件测试的含义、目的、测试对象、测试原则和停止准则等,感受软件测试工作的重要性,纠正原有的对软件测试的错误认知和偏见,激发读者的学习热情。

1.1 软件测试的基本概念

1.1.1 软件与软件测试

软件是计算机系统中的一种抽象概念。狭义地说,软件指的是由计算机程序和相关数据组成的,用于执行特定任务或实现特定功能的指令集合。简言之,软件是逻辑代码的集合,它可以控制计算机硬件进行各种操作。现在普遍被人们接受的软件定义是:软件由程序、数据(库)、文档和服务构成。其中包括能够完成预定功能和性能的计算机程序,使程序能够适当操作信息的数据结构,以及描述程序操作和使用的文档。

软件测试(software testing)指的是在软件开发过程中及发布软件之前,对软件系统进行验证和评估,以确定其是否满足特定的要求、标准和规范及客户需求(包括用户需求、系统需求和功能需求等)。软件测试是软件工程的重要部分,是保证软件质量的重要手段。软件测试的主要目的是发现缺陷,确定性能、功能、可靠性及安全等方面的问题,以提高软件的质量和可靠性。

软件测试是软件开发生命周期的一部分,其中包括与其他活动(如需求分析、设计、编码、集成和验证等)的协调和交互,并可以支持软件开发的持续集成和交付过程。

软件测试并不仅仅是对软件的简单试用,还是一个系统性的评估和验证过程。它涉及测试计划的制订、测试用例的设计、测试环境的搭建、测试执行、缺陷跟踪与修复等多个环节。这些环节相互关联,共同构成了一个完整的软件测试体系。

在这个体系中,测试团队与开发团队、产品团队、项目管理团队等各方紧密合作,确保测试工作的全面覆盖和高效执行。通过不断地测试与反馈,及时发现和修复软件中的问题,提高软件的质量和可靠性。

软件测试不仅是对既有功能的验证,更是对软件性能、安全性和稳定性的全面评估。

它可以提前发现潜在的问题和风险,为软件的进一步优化和迭代提供有力支持。同时,通过持续地测试和改进,还可以提升软件开发效率,缩短开发周期,降低开发成本,从而有效地提高软件产品的市场竞争力。

1.1.2 软件测试的背景

软件测试始于计算机软件的产生。1968 年,P. A. P. Moran 对程序进行了第一次测试。早期的软件测试只是一种手动的人工过程,测试人员会通过对程序代码进行一系列测试来发现错误和缺陷。随着软件规模和复杂度的不断提高,人工测试变得越来越困难和低效,自动化测试方法得到发展和广泛应用。

随着云计算、大数据、人工智能等技术的广泛应用,软件变得更加复杂,软件测试的难度也越来越大。

现代软件测试的关注点已经从简单的错误发现向全面的系统质量保证和客户满意度提高方向转变,要求测试人员具备更全面的技能和知识,理解业务流程、产品设计、用户需求等。

素质培养	理解软件测试工作的重要性,培养职业责任感和自豪感。
学生活动	查找近几年软件故障导致的问题,深刻体会软件测试的重要性。

软件故障可能危及人们的生命和财产安全。无论是在软件开发的哪个阶段,正确的测试都可以避免软件故障所带来的巨大损失。对于涉及财务、安全和政治议题的大型软件项目,如银行系统、航空、铁路、医疗、工业控制系统等,对软件系统正确性和稳定性的要求更高。

由于软件已渗入我们生活中的方方面面,软件测试对于人员和公众安全具有至关重要的作用,需要采取一系列测试策略和安全措施,以确保软件的质量和安全性。

作为软件工程专业人员,需要深刻体会软件测试的重要性,理解测试的过程,以及软件测试的策略和方法,掌握软件测试技术,以确保开发的软件能够符合安全、稳定、可靠的标准,减少软件故障的风险。

1.1.3 软件质量模型

软件质量是衡量软件产品是否满足所要求的功能、性能、可靠性、可维护性、可移植性等特性的度量。通常情况下,软件质量是根据技术标准和法规,以及客户需求等多个标准进行评判的。软件产品质量评价国际标准 ISO 14598 把软件质量定义为"软件特性的总和,软件满足规定或潜在用户需求的能力"。

1. 软件产品需要满足的质量要求

软件质量模型是一种软件质量评估工具。软件质量模型将一个软件产品需要满足的质量要求总结为以下 8 个属性。

(1)功能性。功能性是指软件产品在指定条件下使用时,提供的满足明确和隐含要求的功能的能力。

(2)兼容性。兼容性是指软件产品在共享软件或者硬件的条件下,产品、系统或者组件能够与其他产品、系统或组件交换信息并实现所需功能的能力。

（3）安全性。安全性是指软件产品或系统保护信息和数据的程度，可使用户、产品或系统具有与其授权类型、授权级别一致的数据访问程度，包括表 1-1 中的子属性。

表 1-1 安全性属性包含的子属性含义描述

子 属 性	含 义 描 述
保密性	产品或系统确保数据只有在被授权时才能被访问
完整性	系统、产品或组件防止未授权访问、篡改计算机程序或数据的程度
抗抵赖性	活动或事件发生后可以被证实且不可被否认的程度
可核查性	实体的活动可以被唯一追溯到该实体的程度
真实性	对象或资源的身份识别能够被证实符合其声明的程度
安全性的依从性	产品或系统遵循与安全性相关的标准、约定或法规及类似规定的程度

（4）可靠性。可靠性是指在特定条件下使用时，软件产品维持规定的性能级别的能力。IEEE 将软件可靠性定义为系统在特定环境下，在给定的时间内无故障运行的概率。

常用的描述可靠性的指标有平均故障间隔时间（mean time between failure，MTBF）、平均故障修复时间（mean time to repair，MTTR）和运行软件的驻留故障密度（每千行代码的故障数目）。因软件设计故障与计算机硬件设计故障而引发的系统失效的比例大约是 10∶1。对要求很高的关键软件或财务软件，每千行代码为 1～10 个故障；对于关键的生命软件，每千行代码为 0.01～1 个故障。

（5）易用性。易用性是指用户在指定条件下使用软件产品时，其被用户理解、学习、使用，以及吸引用户的能力。易用性可总结为 8 个字：易懂、易学、易用、漂亮。

（6）效率（性能）。效率（性能）是指在规定条件下，相对于所用资源的数量，软件产品可提供适当性能的能力。

（7）可维护性。可维护性是指软件产品可被修改的能力。这里的修改是指软件产品被纠正、改进，以及为适应环境、功能、规格变化的更新。

（8）可移植性。可移植性是指软件产品从一种环境迁移到另一种环境的能力。这里的环境，可以理解为硬件、软件或系统等不同的环境。

2. 常用的软件质量模型

软件测试技术不断发展，目前常见的软件质量模型主要有以下几种。

（1）ISO/IEC 标准。例如，ISO/IEC 25010 的标准定义了软件质量的特征包括功能性、可靠性、易用性、效率、可维护性和可移植性。

（2）CMMI 模型。CMMI 全称为 capability maturity model integration，即能力成熟度模型集成，是由美国卡耐基-梅隆大学软件工程研究所（Software Engineering Institute，SEI）组织全世界的软件过程改进和软件开发管理方面的专家历时 4 年开发出来，并在全世界推广实施的一种软件能力成熟度评估标准，主要用于指导软件开发过程的改进和进行软件开发能力的评估。

（3）敏捷质量模型。这是一种专门为敏捷开发而设计的软件质量模型，其特点是通过持续快速反馈和改进来确保软件产品的质量。

1.1.4　软件缺陷与软件故障

通过实例感受软件缺陷与软件故障的关系。感受知识间的细微差别，培养学生细致分析的思维习惯，培养工匠精神。

软件缺陷是指软件产品中存在的代码错误或设计上的缺陷，这些缺陷可能导致软件的功能不完整、性能下降、安全性降低等问题。软件缺陷通常是在开发和测试阶段发现的，并通过修复缺陷来解决。

软件故障是指在软件产品运行时出现的错误，软件故障可能会导致软件崩溃、停止响应、数据丢失等问题。软件故障往往是由软件缺陷引起的，但并不是所有的缺陷都会导致故障。

例如，一个在线支付应用程序，用户输入了正确的支付金额和收款人信息，但在点击"支付"按钮后，应用程序无法成功完成支付，显示错误消息"支付失败"。这个问题可能是由于软件中的逻辑错误或者支付流程的不完善导致的，属于软件缺陷，因为用户输入了正确的信息，但是软件未能按照预期的方式处理支付交易。但是，如果用户在进行支付操作时，突然出现了弹窗提示"应用程序已停止工作"，并且无法继续进行支付操作。也就是说，出现了应用程序突然终止运行的情况，导致用户无法完成支付，这属于软件故障。这可能是由于程序缺陷、内存问题或者其他系统环境因素导致的应用程序崩溃。

可以看出，软件缺陷是指软件中的错误或不完善导致程序无法按照预期工作，而软件故障是指突发的程序运行问题导致程序崩溃或无法继续运行。在软件开发中，我们需要通过测试和代码审查等手段尽可能地发现和纠正软件缺陷，以预防软件故障。但是，即使尽最大努力，也无法保证软件中不会出现故障。因此，当软件出现故障时，我们需要快速响应并进行故障定位、分析和修复，以确保软件在运行时能够稳定工作。

下列情况都属于软件缺陷：① 软件未达到产品说明书中已经标明的功能；② 软件出现了产品说明书中指明不会出现的错误；③ 软件未达到产品说明书中虽未指出但应当达到的目标；④ 软件功能超出了产品说明书中指明的范围；⑤ 软件测试人员认为软件难以理解、不易使用，或者最终用户认为该软件使用效果不佳。

软件缺陷具有"难看到"和"看到但难抓到"的特征，即使发现了缺陷，也不易找到问题的原因。

软件缺陷并非总是由代码引起的，软件缺陷的原因及占比如图1-1所示。

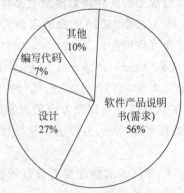

图1-1　软件缺陷的原因及占比

由图 1-1 可以看出,软件产品说明书是软件缺陷出现最多的地方。这是由于以下原因:
①对软件产品说明书不够重视,认为代码才是最重要的;②软件开发人员与用户沟通时,由
于用户通常是非专业人员,可能导致对功能的理解不一致;③完全靠想象来描述的软件产
品,其特征并不清晰;④在开发过程中,可能出现软件需求的变化和调整;⑤软件开发人员
内部沟通不充分等。

1.1.5 软件测试和缺陷修复的代价

软件在从需求、设计、编码、测试一直到交付用户公开使用的过程中,都有可能产生和
发现缺陷。随着整个开发过程的时间推移,更正缺陷或修复问题的代价呈几何级数增长。
图 1-2 为在不同阶段发现软件缺陷时修复的代价示意图。可以得出,越早发现软件缺陷,修
复的代价越小。

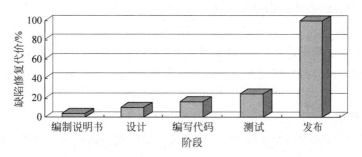

图 1-2 在不同阶段发现软件缺陷时修复的代价示意图

1.1.6 软件测试的目的

软件测试的目的决定了测试策略,以及如何组织测试。软件测试应以查找错误为中
心,而不是为了演示软件的正确功能。但发现错误并不是软件测试的唯一目的,查不出错
误的软件测试也是有价值的,完整的测试是评定测试质量的一种方法。

对于软件测试的目的,目前普遍认同的观点是尽可能早地发现尽可能多的软件缺陷,
并确保其得以修复。此外,对软件测试的目的还有以下解读。

(1) 软件测试是为了发现错误而执行程序的过程。

(2) 检查系统是否满足需求也是测试的期望目标。

(3) 测试的目的在于发现错误,但不能证明程序的正确性,除非仅处理有限种情况。

(4) 一个好的测试用例在于能够发现此前未发现的错误。

(5) 一个成功的测试是发现了至今未发现的错误的测试。

应该认识到,测试只能证明程序中错误的存在,但不能证明程序中没有错误。即使实
施了最严格的测试,程序中仍然可能存在未发现的错误或缺陷。

正确认识测试的目的十分重要,只有这样才能设计出最能暴露错误的测试方案。测

试的目的应从用户角度,通过软件测试暴露软件中潜在的错误和缺陷,而不应从软件开发者的角度,希望测试成为表明软件产品不存在错误、验证软件实现用户的要求的过程。

实现测试目的的关键在于合理地设计测试用例。在设计测试用例时,要重点考虑那些易于发现程序错误的方法、策略和具体数据。

1.1.7 软件测试的原则

1. 尽早性原则

测试工作进行得越早,越有利于软件产品的质量提高和成本降低。由于软件的复杂性和抽象性,在软件生命周期的各个阶段都有可能产生错误。所以软件测试不是独立于开发阶段之外的,而应该是贯穿软件开发的各个阶段。确切地说,在需求分析和设计阶段就需要开始进行测试工作。只有这样才能充分保证尽可能多且尽可能早地发现软件缺陷并及时修正,从而避免将缺陷或错误遗留到下一阶段。

2. 可复现原则

测试发现的软件缺陷应该是可以复现的。测试应该指明它所执行的步骤、验证的内容,以及检测到的所有问题,以便开发人员可以复现测试过程及缺陷,更好地理解它所发现的问题并修复。

3. 高效性原则

测试希望用尽可能少的测试用例、在尽可能短的时间内捕捉到尽可能多的软件缺陷。

4. 可追溯性原则

所有的测试都应该追溯到用户需求。软件测试揭示软件缺陷,修复这些缺陷就能更好地满足用户需求。如果软件实现的功能不是用户所期望的,就会导致软件测试和软件开发做无用功。这种情况在具体的工程实践中时有发生。

5. 80/20原则

测试实践表明,系统中80%左右的缺陷主要来自20%左右的模块或子系统,所以应当用较多的时间和精力测试那些具有更多缺陷数目的程序模块或子系统。

6. 回归测试

修改了原来的缺陷,可能导致更多的缺陷产生。因此,修改缺陷后应集中对软件可能受影响的模块进行回归测试,以确保修改缺陷后不引入新的软件缺陷。

7. 避免测试随意性

严格执行测试计划,排除测试的随意性。测试计划应包括测试目的和背景,所测软件的功能、输入和输出、具体测试内容、各项测试的进度安排、资源要求、测试资料、测试工具、测试用例的选择、测试的控制方式和过程、系统组装方式、跟踪规程、调试规程、回归测试的规定,以及评价标准等。

这些原则是软件测试成功的关键因素。测试人员需要深刻理解这些原则,并在实践中贯彻它们,确保软件质量和测试的效率。

1.2　软件测试行业现状

目前,在全球范围内,软件测试作为一项重要的技术服务行业,已经迅速发展成为一个独立的、成熟的行业,越来越多的企业在软件产品开发周期中加入了专门的测试团队,以确保软件产品质量。据市场研究公司 Statista 数据显示,2020 年全球软件测试市场规模为 161 亿美元。据预测,到 2024 年,软件测试市场规模将升至 191 亿美元。随着人工智能、大数据、物联网等新技术的普及和应用,软件测试岗位也会越来越重要。

在薪资方面,软件测试人员的薪资根据经验和技能水平的不同而有所差异。以美国为例,Glassdoor、Payscale、Indeed 数据显示,软件测试工程师的薪资中位数为每年 7 万~9 万美元。在我国,软件测试岗位的薪资水平也受地区、经验、公司规模、行业领域等许多因素影响。例如,在金融、电子商务、游戏等领域,测试工程师的薪资相对较高。以中国一些知名互联网公司为例,一般初级软件测试工程师的薪资为 6000~12000 元/月,中级测试工程师的薪资为 1.2 万~2 万元/月,资深测试工程师的薪资为 2.5 万~4 万元/月或更高。

1.3　软件测试过程

软件测试是软件开发过程的一个重要环节,是在软件投入运行之前,对软件需求分析、软件需求规格说明书和编码实现的最终审定,贯穿软件定义和开发的整个过程。图 1-3 所示为整个软件测试过程。

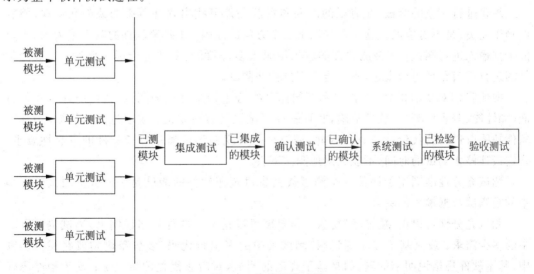

图 1-3　软件测试过程

从测试过程可以看出,软件测试由一系列不同的测试阶段组成,即单元测试、集成测试、确认测试、系统测试和验收测试。软件开发是一个自上向下逐渐细化的过程。软件测试则是自底向上逐步集成的过程。低一级的测试为上一级的测试准备条件。

1. 单元测试

单元测试又称模块测试,目的在于检查每个单元能否正确实现详细设计说明书中的功能、性能、接口和设计约束等要求,发现单元内部可能存在的各种缺陷。单元测试大多采用白盒测试方法。

2. 集成测试

集成测试又称组装测试,主要测试单元之间的接口关系,逐步集成为符合概要设计要求的整个系统。集成测试大多采用黑盒测试方法。

3. 确认测试

确认测试以软件需求规格说明书规定的要求为尺度,检验开发的软件能否满足所有的功能和性能需求。

4. 系统测试

系统测试是在真实或模拟系统运行的环境下,为验证和确认是否达到需求规格说明书规定的要求,而对集成的硬件和软件系统进行的测试。

5. 验收测试

验收测试是根据项目任务书或合同、供需双方约定的验收标准,对整个系统进行评测,决定接收或拒绝软件系统。

1.4　软件测试充分性及停止准则

1.4.1　软件测试充分性

想要进行完全的测试,在有限的时间和资源条件下找出软件所有的缺陷和错误,使软件趋于完美,是不可能的。这主要有以下三个方面的原因:①被测软件的输入量太大,不可能全部输入进行测试;②被测软件的输出结果太多,不可能全部进行逐一比对;③被测软件的运行逻辑路径组合太多,不可能全部执行并测试。

即便我们对所有的输入、输出和逻辑路径组合进行了完全的测试,也可能存在其他方面(如性能、兼容性等)的软件缺陷,并且软件测试也是有成本的。越靠近测试后期,为修复软件缺陷所付出的代价就越大。因此,需要根据发现错误的概率以及软件的可靠性要求,确定最佳停止测试的时间,不能无限地测试下去。

测试充分性准则用于评价一个测试数据集对被测软件的测试是否充分。测试数据集指的是测试数据输入的集合。

测试充分性可以由"覆盖率"衡量。覆盖率可以是基于软件规格说明书,测试覆盖了其中的多少需求;或是基于程序源代码,测试其中的多少行代码、多少条语句或路径等。其中,基于软件规格说明书的测试,是基于规范的测试,对应于黑盒测试方法;基于程序源代码的测试,对应于基于结构的白盒测试方法。

在实践中,测试人员需要根据软件成本、时间和质量要求开展尽可能充分、全面的测试,以确保测试过程能够捕捉到尽可能多的缺陷和问题。使用自动化测试和持续集成等工具可以提高测试效率,并确保测试结果的准确性和可靠性。

经验表明,测试后程序中残存的错误数目与该程序中已发现的错误数目或检错率成正比。也就是说,在某程序段中发现的错误数目较多,则残存其中的错误数目也比较多。这种错误集群性现象已被许多程序的测试实践所证明。根据这个规律,应当对错误集中的程序段进行重点测试。

1.4.2　软件测试停止准则

软件测试的停止准则是测试人员在测试过程中所遵循的一些规则,以帮助他们可靠地决定何时停止测试并将软件交付给客户或发布给最终用户。

1. 常见的测试停止准则

(1) 时间的截止日期。在测试过程中,制订测试计划时会安排测试时间。当测试时间到期时,应停止测试并交付测试结果。

(2) 预算的截止日期。如果测试时间内预算的费用用完了,测试也应该停止。

(3) 缺陷的比例和种类。测试团队在测试过程中要保持缺陷跟踪,当缺陷数已经可以接受或接受缺陷的种类已经得到充分覆盖时,可以考虑测试停止。

(4) 测试目标的实现程度。在测试计划中,依据需求明确测试目标。当测试进展到预期的测试目标时,测试可以停止。

(5) 用户的可接受程度。当用户认为软件测试达到预期质量标准,符合期望和需求时,可以考虑停止测试。

2. 软件测试停止准则的分类

(1) 第一类标准。测试超过了预定时间,则停止测试。

(2) 第二类标准。执行了所有的测试用例,但并没有发现故障,则停止测试。

(3) 第三类标准。使用特定的测试用例设计方案作为判断测试停止的基础。

(4) 第四类标准。正面指出停止测试的具体要求,即停止测试的标准可定义为查出某一预定数目的故障。

(5) 第五类标准。根据单位时间内查出故障的数量决定是否停止测试。

以上测试停止准则只是参考,也可以多个准则组合或同时使用。在使用测试停止准则时,还应该注意与开发人员、管理层等其他利益相关者协商,在充分理解软件产品质量和市场需求的前提下,制定出最优决策。

1.5　软件测试的学习资源

网上有许多优秀的软件测试学习资源,常见的资源如下。

1. 在线课程

MOOC学院、腾讯课堂、网易云课堂等,都有很多软件测试方面的在线课程,这些课程不仅包括测试理论知识,还有很多具体实践方面的内容,使学习者可以快速了解软件测试的基础知识和应用。

2. 论坛和社区

如51Testing社区、TesterHome社区等,这些社区聚集了大量的测试从业者,他们在论坛上分享测试经验、技巧和心得,也有许多测试文章和测试工具可供学习者参考。此外,还有很多媒体平台,如CSDN、博客园、知乎等,也有大量的软件测试相关的文章可供参考。

很多公司也开发了面向就业的培训课程,为营销和扩大自身的影响力;也会有一些免费的公开课程,如南京松勤的软件测试、北京测吧的霍格沃兹等;哔哩哔哩网站也有很多关于软件测试的培训视频。

1.6 小　　结

本章介绍了软件测试相关的基础知识,主要包括软件测试的基本概念和流程、软件测试的目的、原则、过程和停止准则等,并特别介绍了软件测试的行业状态,以及网上的软件测试学习资源。软件测试是软件质量的重要保障,在软件工程中具有非常重要的作用。

1.7 习　　题

1. 选择题

(1) 以下方法中,较实用的软件测试停止标准是(　　)。

A. 测试超过了预定时间,应停止测试

B. 根据查出的缺陷总数量,决定是否停止测试

C. 分析发现的缺陷数量和测试投入成本曲线图,确定应继续测试还是停止测试

D. 测试成本超过了预期计划,应停止测试

(2) 开发人员接收到一个指派给自己的缺陷后,应该(　　)。

A. 找该缺陷的测试人员麻烦

B. 直接将缺陷关闭

C. 跟提交该缺陷的人进行沟通,如果需求与理解不能达成一致,找项目经理/需求管理者确定需求

D. 置之不理

(3) 以下对软件测试的描述中,错误的是(　　)。

A. 应当把"尽早和不断地进行软件测试"作为软件开发团队的座右铭

B. 在被测程序段中,若发现错误的数目多,则残存错误数目也比较多,这是软件错误的集群性现象

C. 软件产品在规定条件下使用时,需要满足软件需求规格说明书中规定的或隐含的需求

D. 只要用对方法,足够细心,就能够找到软件所有的错误和缺陷

(4) 导致软件缺陷的最大原因是(　　)。

A. 软件需求说明书　　　　　　　　B. 设计方案

C. 编码 　　　　　　　　　　　　　D. 维护

（5）下面有关测试原则的说法中,正确的是(　　　)。

　　A. 测试用例应由测试的输入数据和预期的输出结果两部分组成

　　B. 测试用例只需选取合理的输入数据

　　C. 程序最好由编写该程序的程序员来测试

　　D. 使用测试用例进行测试是为了检查程序员是否做错了他该做的事

2. 判断题

（1）测试只针对初级程序员编写的程序,资深程序员编写的程序无须测试。　　（　　）

（2）发现错误多的模块,残留在模块中的错误也多。　　（　　）

（3）通过软件测试,可以发现软件中所有潜伏的错误。　　（　　）

（4）软件测试是对软件规格说明书、软件设计和编码的最全面也是最后的审查。

　　（　　）

（5）如果测试过程中没有发现任何错误,则说明软件没有错误。　　（　　）

（6）软件测试小组人数越多越好。　　（　　）

3. 简答题

根据你的理解,请列举说明软件测试的原则。

第2章　软件开发与软件测试基础

软件测试贯穿软件开发的整个过程。在需求分析阶段，主要进行测试需求分析、系统测试计划制订；在概要设计和详细设计阶段，主要完成集成测试计划和单元测试；在编码阶段，主要由开发人员测试自己负责的模块代码，若项目较大，则由专业人员完成编码阶段的测试任务；在测试阶段，主要对系统进行测试，并提交相应的测试结果和测试分析报告。

测试计划、用例

本章首先简要说明软件开发过程及模型，然后说明测试与开发的关系，再以软件测试中的信息流说明测试的整体思路，进一步重点说明软件测试的流程，以及软件测试用例的含义及设计原则。通过本章的学习，读者能够对如何开展软件测试工作有宏观上的理解。

2.1　软件开发过程及模型

2.1.1　软件开发过程

一个完整的、正式的软件开发过程与计算机程序爱好者编写小程序的过程是完全不同的。软件工程建立与系统化软件生产有关的概念、原则、方法、技术和工具，指导和支持软件系统的生产活动。

在软件工程领域，正规的软件开发过程一般包括制订计划、需求分析定义、软件设计、软件编码、软件测试、运行与维护6个阶段。这6个阶段构成了软件的生命周期。有的教材认为，软件生命周期还包括软件停用。

1. 制订计划

对所要解决的问题进行总体定义，包括了解用户需求，从技术、经济和社会因素等方面研究并论证软件项目的可行性，编写可行性研究报告，探讨解决问题的方案，并对可供使用的资源（如计算机硬件、系统软件、人力等）、成本、可取得的效益和开发进度做出估计，制订完成开发任务的实施计划。该阶段由软件开发方与需求方共同讨论，主要确定软件的开发目标及其可行性。

2. 需求分析

该阶段的基本任务是和用户一起确定要解决的问题，进行客户需求调研与需求分析。对用户的需求进行去粗取精、去伪存真，在正确理解后，用软件工程开发语言表达出来，建立软件逻辑模型，编写软件需求规格说明书文档，并得到用户的认可。需求分析的主要方法有结构化分析方法、数据流程图和数据字典等。

3. 软件设计

软件设计又分为概要设计和详细设计两个阶段。概要设计就是结构设计，主要目标是给出软件的模块结构,通常用软件结构图表示。详细设计的首要任务就是设计模块的程序流程、算法和数据结构,以及设计相应的数据库,常用结构化程序设计方法。

4. 软件编码

软件编码是指把软件设计转换成计算机可以识别的程序,即写成以某一种程序设计语言表示的"源程序清单"。

5. 软件测试

软件测试的目的是以较小的代价发现尽可能多的错误。实现这个目标的关键在于设计一套出色的测试用例(测试输入的数据、测试操作和预期的输出结果组成测试用例)。如何才能设计出一套出色的测试用例? 关键在于理解测试目的和方法,确定好测试策略。不同的测试目的和对象,会有不同的测试用例设计方法。例如,白盒法测试对象是源程序,依据程序内部的逻辑结构来发现软件的编程错误、结构错误和数据错误;黑盒法测试软件的功能或软件行为描述,用于发现软件接口、功能和结构错误。

6. 运行与维护

维护是在已完成对软件的研制(分析、设计、编码和测试)工作并交付使用以后,对软件产品所进行的一些软件工程活动,即根据软件运行的情况,对软件进行适当修改以适应新要求、纠正运行中发现的错误、编写软件问题报告和软件修改报告等。软件维护是软件生命周期中持续时间最长的阶段。

在实际开发过程中,软件开发并不是从第一步进行到最后一步,而是在任何阶段,在进入下一阶段前一般都有一步或几步的回溯。

软件测试的对象就是软件开发过程中所产生的需求规格说明书、概要设计规格说明书、详细设计规格说明书及源程序等。

2.1.2 软件开发模型

软件开发模型是一种用于组织和规划软件开发过程的框架。以下是常见的软件开发模型。

1. 瀑布模型

瀑布模型是软件开发的最早模型。开发步骤按照线性顺序完成,每个步骤完成后才能开始下一个步骤。

2. 迭代模型

软件开发可分为多个迭代周期,每个迭代周期在前一次迭代完成后开始。每个迭代周期包含了分析、设计、编码、测试和发布等步骤。

3. 增量模型

增量模型与迭代模型相似,但每个迭代周期只包含已完成的一部分功能。新的迭代周期增加新功能并改进之前完成的功能。

4. 螺旋模型

软件开发过程通过逐步调整风险管理来完成。该模型适用于大型、复杂的软件开发项目。

5. 原型模型

开发人员创建初步版本的软件实现,并与用户紧密合作以获得即时反馈。

6. 敏捷开发

敏捷开发是一种基于迭代模型和增量模型的软件开发方法,鼓励快速交付和灵活、动态地变化。

在实际软件开发过程中,需要灵活确定软件开发模型。

2.2 软件测试与开发的关系

软件测试阶段和软件开发过程的对应关系如图 2-1 所示。

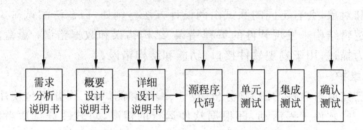

图 2-1　软件测试阶段和软件开发过程的对应关系

2.2.1 开发与测试各阶段的关系

软件开发和测试是软件开发生命周期中重要的两个方面。这两个方面的成功有相互依存的关系。下面说明软件开发过程中的主要阶段与测试的对应关系。

(1) 需求分析阶段:开发人员在此阶段确定系统应该达到的要求;测试人员紧密跟踪开发者确定的需求,以便进行测试计划的编制,并设计相应的测试用例。

(2) 设计阶段:开发人员设计系统架构、数据模型、软件接口等;测试人员确定测试计划的实施方法,完成集成测试计划和单元测试计划。

(3) 编码阶段:开发人员编写代码并进行测试;测试人员编写测试用例并执行测试。

(4) 集成阶段:开发人员整合多个部分;测试团队面向整个系统进行集成测试,确保所有组件和模块协同合作,并提交相应的测试状态报告和测试总结报告。

(5) 部署阶段:软件被部署并运行。测试人员对已部署软件进行系统测试和回归测试,以确保所有更改不影响系统的正常运行。

软件测试的周期性是"测试→改错→再测试→再改错"这样一个循环过程。宏观来说,软件测试在软件生命周期中横跨两个阶段:第一个阶段是单元测试阶段,即在每个模块编写出来以后所做的必要测试;第二个阶段是综合测试阶段,即在完成单元测试后进行的测试,包括集成测试、系统测试、验收测试、回归测试。

事实上,软件测试与开发之间存在并行性。图 2-2 说明了软件开发与测试的并行性对应关系。

在软件需求得到确认并通过评审之后,概要设计工作和测试计划制订工作就要并行。在系统模块建立后,对各个模块的详细设计、编码、单元测试等工作也可以并行。每个模块完成后,可以进行集成测试和系统测试。

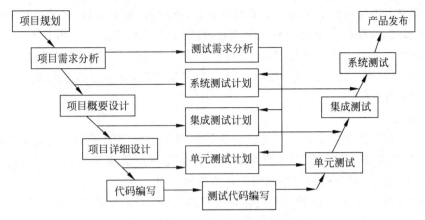

图 2-2　软件开发与测试的并行性对应关系

这样就给出了完整的软件开发流程——包含测试过程的完整的开发流程,也说明了软件测试与开发的并行性。

2.2.2　软件测试模型

软件测试模型是软件测试工作的框架,是一种标准化、规范化的测试方法,是为了正确、全面地测试软件而设计的一种测试流程。软件测试模型与软件开发模型是相关联的,二者相互促进,共同推动软件开发生命周期内工作的完成。

下面是一些常见的软件测试模型,以及它们与软件开发模型的对应关系。

1. 瀑布模型

瀑布模型是一种线性的开发模型。在软件项目的整个阶段,瀑布模型分为测试计划、需求分析、概要设计、详细设计、软件编码、软件测试、运行与维护等阶段,并像瀑布一样,自顶向下执行各个步骤。与瀑布模型相对应的软件测试模型也是线性的模型,测试活动大多在软件开发生命周期的末尾进行。每个步骤都要在上一个步骤执行完成以后才能进行,具体如图 2-3 所示。

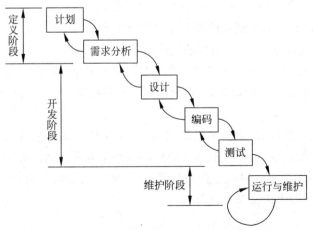

图 2-3　软件测试瀑布模型示意图

瀑布模型为项目提供了按阶段划分的检查点,如计划、需求分析、概要设计、详细设计、编码、测试、运行与维护。当前一阶段完成后,只需要关注后续阶段。其不足之处在于:在项目生命周期的后期才能看到结果,测试在后期阶段较晚开展,发现软件缺陷后的修复成本大。此外,瀑布模型在项目各个阶段之间极少有反馈,需要通过过多的强制完成日期和里程碑来跟踪各个阶段。

2. V 模型

V 模型也称为快速应用开发模型。它通过使用基于构件的开发方法来缩短产品开发周期,提高开发速度。软件测试 V 模型实现的前提是做好需求分析,并且项目范围明确。在 V 模型中,测试活动与软件开发的每个阶段紧密对应。

V 模型适用于对模块化、构件化的软件进行测试,如信息系统应用软件等,并且因构件化的软件接口较多,V 模型不适合高性能、技术风险高的系统开发。

V 模型还有一种改进型,即将"编码"从 V 字形的顶点移到左侧,和单元测试对应,从而构成水平的对应关系。V 模型和改进的 V 模型示意图如图 2-4 所示。

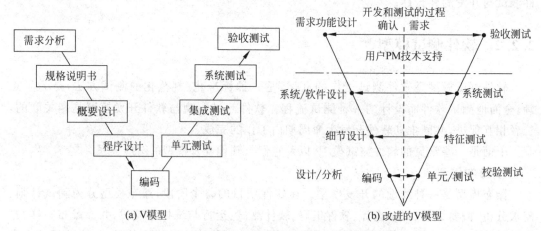

图 2-4　软件测试 V 模型和改进的 V 模型示意图

3. W 模型

W 模型也称为双 V 模型,一个 V 是开发的生命周期,另一个 V 是测试的生命周期。W 模型是一个并行模型,强调测试伴随整个软件开发周期,测试从需求分析阶段就开始了,测试的对象不仅仅是程序,还包括前期的程序需求和设计等。

W 模型有利于尽早地、全面地发现问题。相对于 V 模型而言,W 模型增加了软件各开发阶段应同步进行的验证和确认活动,强调测试与开发的同步进行。软件测试 W 模型示意图如图 2-5 所示。

W 模型既强调系统测试,也强调组件测试,与软件开发过程全面融合,体现了"尽早地和不断地进行软件测试"的原则。W 模型的局限性在于需求、设计、编码等活动被视为串行的,测试和开发活动保持着一种线性的前后关系,需要上一阶段结束,才开始下一阶段的工作。因此,W 测试模型无法支持迭代开发。

4. 增量模型

增量模型是一种迭代的开发模型,增量模型的测试也是迭代的,每个迭代都会进行测

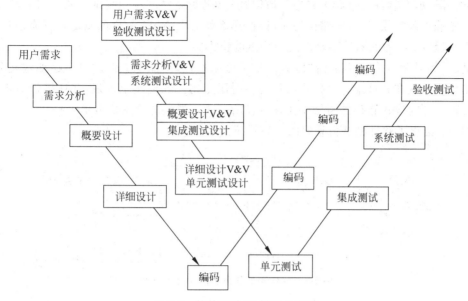

图 2-5　软件测试 W 模型示意图

试。增量模型的主要目标是在经过足够次数的迭代后完成完整的产品。

5. 敏捷模型

敏捷模型的开发和测试是同时进行的,不存在固定的软件开发和测试阶段。不同的迭代周期包括设计、开发和测试等过程,且要求测试团队协作能力强,测试自动化实施比较广泛。

每种软件测试模型都有其适用的场景,项目团队根据项目需求、进度、复杂度等方面进行选择,以保证软件的质量和进度。

2.3　软件测试的信息流

软件测试过程需要以下 3 类输入。

(1) 软件配置。包括软件需求规格说明书、软件设计规格说明书、源代码等。

(2) 测试配置。包括表明测试工作如何进行的测试计划,给出测试数据的测试用例、控制测试进行的测试程序等。测试配置可被看作软件配置的一个子集。

(3) 测试工具。为提高软件测试效率,测试工作需要有测试工具支持,以减轻测试任务中的手工劳动。例如,测试数据自动生成工具、静态分析工具、动态分析工具,测试结果分析工具,以及驱动测试的测试数据库等。

测试之后,要对所有测试结果进行分析,即将实测的结果与预期的结果进行比较。如果发现出错的数据,就意味着软件有错误,就需要进行错误定位和确定出错性质,并改正这些错误,同时修改相关文档。修正后的程序一般要经过回归测试,直到通过测试为止。

通过收集和分析测试结果数据,对软件建立可靠性模型。如果经常出现需要修改设计的严重错误,那么软件质量和可靠性就值得怀疑,表明需要进一步测试。如果与此相反,软件功能能够正确完成,出现的错误易于修改,那么就可以断定:软件的质量和可靠性达到可以接受的程度;所做的测试不足以发现严重的错误。

最后,如果测试发现不了错误,那么几乎可以肯定,测试配置考虑得不够细致充分,错误仍然可能潜伏在软件中。这些错误最终不得不由用户在使用中发现,并在维护时由开发者去改正。那时改正错误的费用将比在开发阶段改正错误的费用高出 40～60 倍。

图 2-6 给出了软件测试信息流的完整示意图。

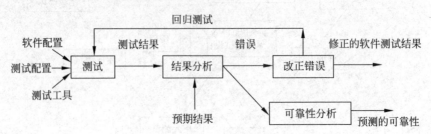

图 2-6 软件测试信息流的完整示意图

2.4 软件测试流程

一个完整的软件测试流程,包括分析软件测试需求、编写软件测试计划、设计软件测试用例、执行软件测试、撰写软件测试报告等阶段。

2.4.1 分析软件测试需求

软件测试需求分析是软件开发周期的前期阶段,对软件测试需求进行分析和评估,以进一步规划测试活动。此时的分析包括以下内容。

(1)确定测试需求。测试需求可以从项目计划中获得,包括用户需求、功能需求、质量需求、性能需求等,还可以从之前的经验中获取。

(2)解析测试需求。需要将测试需求进行细分和解析,以确保测试活动覆盖所有测试需求。在这一阶段需要把测试案例映射到测试需求。

(3)评估测试需求。对测试需求进行评估,以确定哪些需求是关键的,哪些可以忽略,哪些需要特别注意。

(4)考虑测试计划中涉及的因素。测试需求分析是创建详细测试计划的基础。测试需求分析应该考虑测试资源、测试策略、测试工具等各种测试计划中涉及的因素。

(5)调整测试需求。当测试需求分析的结果与实际情况不符时,需要对测试需求进行调整。这种调整依赖于评估反馈、代码变化或其他因素。

软件测试需求分析有助于规划测试策略、制订测试计划、确保测试的覆盖率,从而提高软件质量。

2.4.2 编写软件测试计划

软件测试是有计划、有组织、有系统的软件质量保证活动,不能随意、松散、杂乱地实施。为了规范软件测试内容、方法和过程,在对软件进行测试之前,必须制订测试计划。

软件测试计划可定义为一个叙述了预定的测试活动的范围、途径、资源及进度安排的文档。软件测试计划是指导测试过程的纲领性文件,包含产品概述、测试策略、测试方法、测试区域、测试配置、测试

> **素质培养**
>
> 切实可行的计划是成功的重要因素。软件测试工作工期长、工作内容庞杂,尤其需要在各个阶段做好计划。特别注意,计划必须是具体的、可执行的,要具有很强的可操作性,切不可写成指导性或原则性的建议或规章。

周期、测试资源、测试交流和风险分析等内容。借助软件测试计划,参与测试的项目成员,尤其是测试管理人员,可以明确测试任务和测试方法,保持测试实施过程的顺畅沟通,跟踪和控制测试进度,应对测试过程中的各种变更。

1. 编写软件测试计划的优点

(1) 使软件测试工作进行得更顺利。测试计划是对软件测试工作的预先安排,为整个测试工作指明方向,使每位测试人员都知道测试小组要做什么,以及怎么做。

(2) 促进项目参加人员彼此沟通。测试人员能够了解整个项目测试情况以及项目测试不同阶段所要进行的工作等。这种形式使测试工作与开发工作紧密地联系起来,测试人员能够明确知道自己做什么。

(3) 使测试工作更易于管理。领导能够根据测试计划做宏观调控,进行相应资源的配置等;其他人员能够了解测试人员的工作内容,进行配合。按照这种方式,资源与变更变成了一个可控制的风险。

2. 制订软件测试计划的步骤

(1) 产品基本情况调研。包括产品基本情况介绍,如产品的运行平台和应用领域、产品的特点和主要功能模块等。对于大的测试项目,还要包括测试的目的和侧重点。

(2) 测试需求说明。根据软件需求规格说明书文档,分析出所有需要测试的测试需求项。凡是没有出现在清单里的测试需求项都排除在测试范围之外。

(3) 测试的策略和记录。这是整个测试计划的重点,测试策略用以描述如何公正客观地开展测试,要考虑模块、功能、整体、系统、版本、压力、性能、配置和安装等各个因素的影响。尽可能地考虑到细节,越详细越好,并制作测试记录文档的模板,为即将开始的测试做准备。

(4) 测试资源配置。制订项目资源计划包含每个阶段测试任务所需要的资源。

(5) 计划表。测试的计划表可以做成一个或多个项目通用的形式,根据大致的时间估计来制作。

(6) 问题跟踪报告。在测试计划阶段即应明确,如何制作问题报告以及如何界定问题性质。问题报告要包括问题的发现者和修改者、问题发生的频率、对应的测试用例,以及明确问题产生时的测试环境。

(7) 测试计划的评审。测试计划的评审又叫测试规范评审,在测试真正实施开展之前必须认真负责地检查一遍,并获得整个测试部门人员的认同,包括部门负责人的同意和签字。

2.4.3　设计软件测试用例

根据软件测试需求分析结果和软件测试计划,着手设计软件测试用例。软件测试用例的类型包括功能测试、边界测试、异常测试、性能测试、压力测试等。在测试用例设计中,除了功能测试用例外,应尽量考虑边界、异常、性能等情况,以便发现更多的隐藏问题。

设计测试用例时,需要有清晰的测试思路,对要测试什么、按照什么顺序测试、覆盖哪些需求做到心中有数。测试用例编写者不仅要掌握软件测试的技术和流程,而且要对被测软件的设计、功能规格说明书、用户使用场景以及程序/模块的结构都有比较透彻的理解,然后基于各种测试方法设计测试用例。

面向具体的测试问题,有相应的测试用例设计方法。在第 4 章和第 5 章,具体讲解黑盒测试和白盒测试的若干测试用例设计方法。此外,在不同的测试阶段,应采取不同的测试方法和策略。

对于某测试目标,从功能性测试和非功能性测试的角度设计测试用例,软件测试用例框架示意图如图 2-7 所示。

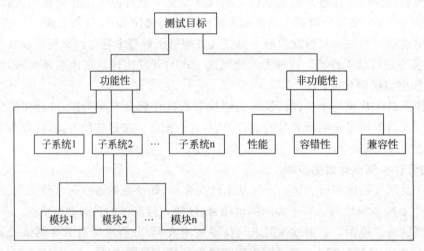

图 2-7　软件测试用例框架示意图

2.4.4　执行软件测试

软件测试的执行是软件测试生命周期中最重要、最直接有效的部分。在测试执行期间,测试人员执行预先定义的测试用例,并记录测试结果。

1. 软件测试执行的关键步骤

(1)确定测试场景和测试用例。在测试执行之前,测试人员应该准备好测试场景、测试用例,根据测试计划的要求进行测试。

(2)执行测试用例。测试人员通过使用预定义的测试用例,并遵循预先定义的测试过程进行测试。

（3）记录测试结果。测试人员记录每个测试的结果，包括成功、失败和未通过的测试点，确保跟踪每个测试的进程。

（4）问题解决。如果测试中发现了问题，测试人员应该将问题记录下来，并通知开发团队进行解决。

（5）回归测试。在修复问题后，进行回归测试，确保以前的问题已经解决，并且未产生新的问题。

测试执行阶段的结果将为下一阶段的测试开发、缺陷修复和软件改进提供重要的建议。

2. 软件测试执行的三个阶段

（1）初测阶段。测试主要功能和关键的执行路径，排除主要障碍。

（2）细测阶段。依据测试计划和测试大纲、测试用例，逐一测试大大小小的功能、方方面面的特性、性能、用户界面、兼容性、可用性等；预期可发现的大量不同性质、不同严重程度的错误和问题。

（3）回归测试阶段。当系统已达到稳定，在上一轮测试中发现的错误已十分有限时，进行回归测试。此时重点复查已知错误的纠正情况，当确认未引发任何新的错误时，终结回归测试。

图 2-8 给出了某软件的各测试执行阶段，以及各阶段发现的软件错误数量。

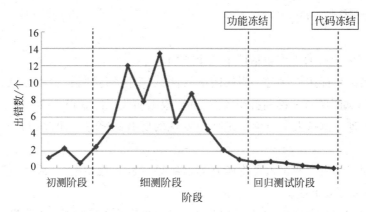

图 2-8 软件测试过程的三个阶段及软件错误数量

2.4.5 撰写软件测试报告

软件测试报告是测试阶段完成后的一份文档，主要用于说明测试过程、报告测试活动的结果和测试产品的质量状况。软件测试报告概括了测试目标、测试方法、测试结果以及测试过程中出现的风险和建议等信息。

软件测试报告通常包含以下内容。

（1）概述包括测试团队成员的名字和角色，测试的总时间、测试目的和范围，以及测试策略、测试方法、使用的测试工具等。

（2）测试结果摘要是报告中最重要的部分，包括每个测试阶段的测试结果、测试用例总结、缺陷总结、重要指标和风险评估等。

（3）缺陷汇总总结测试期间发现的所有缺陷，包括缺陷编号、缺陷类型、缺陷描述、风险评估、严重程度等。

（4）建议和风险总结。软件测试报告中应写明测试过程中遇到的风险，并提供建议和解决方案，以便在未来的测试活动中减少类似的问题。

软件测试报告可以采用图表的形式对测试结果的统计数据进行汇总和描述，以便进一步分析测试活动成果。有时，测试大纲和测试用例集以附录的形式存在于软件测试报告中。测试大纲是对测试用例集的概括性描述，测试用例说明了每个测试的输入数据、操作步骤和期望结果。

特别注意，对于具体的测试用例，在执行时也需要撰写相应的测试报告。为与软件测试完成时撰写的总的测试报告相区别，面向具体测试用例的测试报告也可称为测试过程报告，具体包括：①记录问题发生的环境，如各种资源的配置情况；②记录问题的再现步骤；③记录问题性质；④记录问题的处理进程。其中，问题处理进程从一定角度上反映测试的进程和被测软件的质量状况以及提高过程。

测试报告为测试活动提供了总体结论。它不仅可以告诉项目主管和利益相关方系统的实现情况，还为软件团队提供了改进软件质量的建议，是软件测试工作的最终产物。

2.4.6 软件测试完成

软件测试完成阶段的工作包括以下几个方面。

（1）确认测试目标达成情况。测试团队对测试工作进行评估，检查测试目标和标准是否都已达成。测试团队与关键利益相关方会面，根据验收标准获得验收清单。

（2）缺陷管理。测试人员对测试过程中发现的所有缺陷进行跟踪和管理，确保缺陷已经得到修复。

（3）归档测试结果。测试人员将所有测试结果、缺陷、测试报告、确认文件等信息进行归档，以备将来参考或审核。

（4）归档测试用例集。测试人员对所有的测试用例进行归档，以供测试工作参考和改进。

（5）评估测试工作。为不断改进测试工作，测试人员需要对测试活动进行评估，对测试结果进行分析，以便以后从事类似的测试工作。

（6）交付测试报告。测试人员向项目管理人员和其他利益相关者提交测试报告。测试报告应该清晰、明确地反映出测试活动的结果和缺陷。

（7）反馈。测试团队应该向项目团队反馈测试活动中的问题和不足，以帮助项目团队提高软件质量和测试流程。

收尾工作的重要意义还在于当产品升级或功能变更、维护时，只要对保留下来的相关测试数据做相应调整，就能够进行新的测试。

收尾工作需要选择和保留测试大纲、测试用例、测试结果和测试工具，提交最终测试报告。

测试完成是测试生命周期的最后阶段。在此阶段,测试人员对测试结果进行归档,在测试结束后进行总结、评估和反馈,在项目的后期进行分析和反思,以帮助团队在软件项目的后续工作中改进产品质量或产品升级。其中,归档测试用例集尤为重要,这是为将来的测试或项目所做的积累。

2.4.7 软件缺陷分析

软件缺陷分析是通过收集和分析软件缺陷信息,确定缺陷的类型、原因、影响和解决方案等方面的问题,帮助开发人员识别和解决软件开发过程中的各种问题的过程,具体包括以下方面。

(1)收集缺陷信息。收集软件缺陷的相关信息,如缺陷编号、缺陷类型、缺陷说明、严重程度、出现频率和影响等。

(2)缺陷分类。将收集到的缺陷信息分类,如功能缺陷、界面缺陷、性能缺陷、安全缺陷等。

(3)分析缺陷原因。确定导致缺陷出现的根本原因,如软件逻辑错误、设计不合理等。

(4)缺陷评估。对缺陷进行评估,了解缺陷的严重程度、出现频率和影响程度,以便制订相应的缺陷解决方案。

(5)解决方案。根据缺陷分析结果,由开发团队制订解决方案,包括修改设计、提高代码质量、重新设计测试用例等。

(6)跟踪。测试工作完成后,测试人员应该跟踪缺陷解决的情况,以确保缺陷已经得到了有效解决,并在将来的测试中避免缺陷再次出现。

软件缺陷分析有助于提高测试的有效性,优化测试计划和流程。

2.5 软件测试用例

关于软件测试用例(test case),目前通常的说法是对一项特定的软件产品进行测试任务的描述,体现测试方案、方法、技术和策略。内容包括测试目标、测试环境、输入数据、测试步骤、预期结果、测试脚本等。若干测试用例组成测试用例集。

简单来说,软件测试用例是为某个特殊目标而编制的一组测试输入、执行条件(操作)及预期结果,以便测试某个程序执行是否正确或核实某个功能是否满足特定需求。

> **素质培养**
>
> 编写严谨规范的软件测试用例,虽然看起来烦琐,但极其必要。这是由于在软件测试过程中,需要用到大量的测试用例,对用例的编号、整理及严谨规范的记录有利于提高测试工作效率,也便于长期的测试用例积累。软件测试用例的编写和管理也需要工程化的思维方式。

可以通过软件测试用例特征来感受设计测试用例的原则。软件测试用例应具有如下特征:①最有可能发现软件错误或缺陷;②是非冗余的,不重复,也不多余;③是一组相似测试用例中最有效的；④既不太简单，也不太复杂；⑤是可执行的，有预期结果，且结果明确。

2.5.1 软件测试用例样例

软件测试用例是为某个特定测试目标而设计的，是测试操作过程序列、条件、期望结果及相关数据的一个特定集合。在实际工程中，测试用例通常包括：①测试用例 ID(test case ID)；②测试用例名称(test case name)；③测试目标(test target)；④测试级别(test level)；⑤测试对象(test object)；⑥测试环境(test environment)；⑦前提条件(prerequisites/dependencies/assumptions)；⑧测试步骤(test steps/test script)；⑨预期结果(expected result)；⑩设计人员(designer)；⑪执行人员(tester)；⑫实际结果/测试结果(actual result/test result)；⑬相关的需求和功能模块、需求描述(requirement description)；⑭测试数据(test data)；⑮测试结果的状态[test result status，包括通过、失败、保持、注意(passed，failed，hold，attention)]。

通常情况下，测试目标、测试对象、测试环境、前提条件、测试数据、测试步骤和预期结果是必须给出的。表 2-1 是某系统用户登录管理网页测试的测试用例。

表 2-1　测试用例示例 1

项　　　目	具 体 内 容
测试用例 ID[编号]	PROJECT1-ST-0001
测试用例名称[标题]	非法用户登录管理网页
产品名称	互联互通网关
产品版本	V3.5
功能模块	管理网页
测试平台	所有
用例入库者	victor
用例更新者	victor
用例入库时间	2024-5-30
用例更新时间	2024-6-12
测试功能点	输入错误的用户名和密码
测试目的	阻止非法用户登录系统
测试级别[用例级别]	详细功能测试
测试类型	功能测试
预置条件[测试输入]	登录用户名/密码为 admin/test
测试步骤[操作执行]	(1) 输入用户名称为 admin，密码为 test％ (2) 按"登录"按钮登录管理页面
预期结果	(1) 系统拒绝该用户登录 (2) 提示错误信息"对不起，您的用户密码不正确，请重新确认再登录！"

也可以将在同一页面内的多项功能/性能的测试写在同一测试用例中。例如，要对 Windows 记事本程序的文件菜单栏进行测试，选取其中的"文件/退出"为一个子测试用例，具体测试用例如表 2-2 所示。

表2-2　测试用例示例2

项　目	具 体 内 容
测试对象	记事本程序文件菜单栏
测试项	记事本程序,菜单栏中的"文件"—"退出"命令的功能测试
测试环境要求	Windows 2000 Professional 中文版
输入标准	打开记事本文件: (1) 不输入任何字符,选择"文件"—"退出"命令 (2) 输入一些字符,不保存文件,选择"文件"—"退出"命令 (3) 输入一些字符,保存文件,选择"文件"—"退出"命令
输出标准	(1) 记事本未做修改,选择"文件"—"退出"命令,能正确地退出应用程序,无提示信息 (2) 记事本做修改未保存或者另存,选择"文件"—"退出"命令,会提示"文件的文字已经改变,想保存文件吗?"单击"是"按钮,Windows 将打开"保存"—"另存为"对话框;单击"否"按钮,文件将不被保存并退出记事本程序,单击"取消"按钮将返回记事本窗口
测试用例间的关联	—

2.5.2　软件测试用例设计原则

设计软件测试用例时应尽可能遵守下列原则。

(1) 测试用例的代表性,能够代表并覆盖各种合理的和不合理的、合法的和非法的、边界的和越界的以及极限的输入数据、操作和环境设置等。

(2) 测试结果的可判定性,测试执行结果的正确性是可判定的,每一个测试用例都应有相应的期望结果。

(3) 测试结果的可再现性,对同样的测试用例,系统的执行结果应当是相同的。

2.5.3　软件测试用例评审

软件测试用例设计完成后,为确认测试过程和方法是否正确,是否有遗漏的测试点,需要进行软件测试用例的评审。

软件测试用例评审一般由测试经理安排,参与评审的人员包括测试用例设计者、测试经理、项目经理、开发工程师,以及其他相关开发测试工程师。软件测试工程师根据评审结果,对软件测试用例进行修改,并记录修改日志。

2.5.4　软件测试用例更新

软件测试用例编写完成之后需要不断完善。软件产品新增功能或更新需求后,软件测试用例必须配套修改更新;在测试过程中发现设计软件测试用例考虑不周时,也需要对软件测试用例进行修改完善;在软件交付使用后客户反馈了软件缺陷,而缺陷又是因测试用例存在漏洞造成的,也需要对软件测试用例进行完善。

一般情况下,小的修改完善可在原测试用例文档上修改,但文档要有更改记录。当软件版本升级更新时,软件测试用例一般也应随之编制升级更新版本。

2.6 小　　结

本章讲解软件开发过程、测试与开发的关系、软件测试流程,以及测试用例的相关知识。重点说明软件开发与测试之间的关系,以及测试工作的完整流程,使读者从宏观上理解软件测试工作需要完成的工作,建立测试工作的整体印象。

2.7 习　　题

1. 选择题

(1) 软件开发流程中测试的主要作用是(　　)。

    A. 提高程序员的工作效率 　　　　　 B. 确保软件符合需求

    C. 尽量减少开发成本 　　　　　　　 D. 加快软件上线速度

(2) 软件测试是采用(　　)执行软件的活动。

    A. 测试用例　　　B. 输入数据　　　C. 测试环境　　　　D. 输入条件

(3) 在软件开发中,测试过程中的一个重要工作是编写详细的测试计划,其目的是(　　)。

    A. 确定测试覆盖范围 　　　　　 B. 缩短测试时间

    C. 确定测试的唯一目标是软件正确性 D. 降低测试成本

(4) 下列中可以作为软件测试对象的是(　　)。

    A. 需求规格说明书 　　　　　　 B. 软件设计规格说明书

    C. 源程序 　　　　　　　　　　 D. 以上都可以

(5) 下列中不属于软件本身的原因产生的缺陷是(　　)。

    A. 算法错误　　　B. 语法错误　　　C. 文档错误　　　　D. 系统结构不合理

(6) 下列中与设计测试数据无关的文档是(　　)。

    A. 该软件的设计人员 　　　　　 B. 程序的复杂程度

    C. 源程序 　　　　　　　　　　 D. 项目开发计划

(7) 软件测试用例主要由测试输入数据和(　　)两部分组成。

    A. 测试计划 　　　　　　　　　 B. 测试规则

    C. 测试的预期结果 　　　　　　 D. 以往测试记录分析

(8) 软件测试计划的内容应包括(　　)。

    A. 测试目的、背景 　　　　　　 B. 被测软件的功能、输入和输出

    C. 测试内容和评价标准 　　　　 D. 以上全对

(9) 软件设计阶段的测试主要采取的方式是(　　)。

    A. 评审　　　　　B. 白盒测试　　　C. 黑盒测试　　　　D. 动态测试

（10）测试计划的制订必须注重（　　）。

    A. 测试策略、测试范围　　　　　　B. 测试方法、测试安排

    C. 测试风险、测试治理　　　　　　D. 以上都对

2. 判断题

（1）在程序运行之前无法评估其质量。　　　　　　　　　　　　　　　（　　）

（2）软件测试是程序员工作中较轻松的部分，不需要专门的技能。　　　（　　）

（3）软件测试在软件开发周期的末尾进行，以确保软件的完整性。　　　（　　）

3. 简答题

（1）软件测试中的测试计划需要包括哪些项目？

（2）设计测试用例时，哪些项目是测试用例中必需的关键内容？

4. 设计题

自选软件测试主题，并制订小组工作计划。计划中需要包括测试范围、人员分工、具体任务、完成时间节点等，重点是明确具体的被测试任务点。

第3章 软件测试的分类、策略与方法

软件测试策略(software testing strategy)是指一种确定如何设计、执行和管理测试的计划或方法,以确保软件质量达到预期水平,并满足业务需求和用户期望。

软件测试策略
及黑盒

软件测试策略是测试计划的一部分,包括评估测试需求、明确测试目标、选择测试技术、界定测试范围、分配测试资源和控制测试进度等内容。测试计划制订人员需要面向具体任务,综合考虑经济、技术、习惯等多方面因素进行确定。

测试目标:通过描述测试目标,明确测试重点,以确保测试的针对性和有效性。

测试方法:根据被测软件的特点和测试目标,选择适合的测试方法和技术,构建测试用例、测试场景和测试数据,以确保测试覆盖面广泛、深入、透彻,满足具体测试任务的需求。

测试环境:明确测试需要搭建的环境,包括硬件设备、软件系统、网络环境等,以确保测试可进行并得到准确的结果。

测试工具:选择适合的测试工具和自动化测试框架,以提高测试效率和精度,减少测试人员的工作强度。

测试资源分配:确定测试的时间、地点、人员和资源等要素,以建立全面的测试计划和进度,确保测试能够按时、高质量地完成。

软件测试策略的确定,需要面向具体测试任务和目标来确定测试方法,并围绕测试方法决定测试环境、测试工具及资源分配等。

本章首先对各种软件测试类型做简要说明;然后以测试方法为抓手,说明软件测试策略,重点说明静态测试与动态测试、黑盒测试与白盒测试。通过本章的学习,读者能够理解软件测试策略的含义,理解各种测试方法的特点及适用场景。

3.1 软件测试的分类

素质培养 | 从不同的角度,对软件测试有不同的分类。对于任务事物的认知,都需要辩证、相对、多角度地全面理解问题实质。

软件测试可以根据不同的维度进行分类,以下是几种比较常见的分类方式。

1. 按照是否运行程序分类

(1)静态测试也称为静态分析,不执行程序,只是检查和审阅程序,目的是收集有关程序代码的结构信息,纠正软件系统中描述、表示和规格方面的错误,为进一步测试做准备。

(2)动态测试直接执行被测程序检验运行结果是否正确。通常情况下,动态测试是在完成静态测试之后进行的,包括功能测试、接口测试、覆盖率分析、性能测试等。

2. 按照测试阶段分类

（1）单元测试是测试代码中最小的模块，通常由开发人员编写和测试，检查代码是否按照设计要求正常运行，是进行正确性检验的测试工作。

（2）集成测试是将各个单元模块组合在一起，测试它们之间的交互和协作是否正确。

（3）系统测试是对整个系统进行端到端的测试，验证系统是否符合用户需求和规格说明书的所有功能和性能要求。

（4）验收测试是由项目管理者或客户代表验证系统是否符合业务需求和用户期望。

3. 按照是否关注程序内部结构分类

（1）黑盒测试是通过输入数据检查实际输出结果的正确性，不关心或很少关心系统内部的实现细节，常用于功能测试和验证需求文档。

（2）白盒测试是面向代码的测试，在了解代码结构、算法、数据等方面信息后，检查代码质量和逻辑错误，通常由开发人员进行。

（3）灰盒测试是综合黑盒测试和白盒测试的优点，既关注外部也关注内部的测试技术。

4. 按照测试属性分类

（1）功能测试是测试系统是否符合需求文档，包括界面测试、逻辑测试、安全测试等。

（2）性能测试是测试系统在正常负载和压力下的表现，如并发用户数、响应时间等。

（3）兼容性测试是测试系统在不同硬件、操作系统、数据库等环境下的兼容性。

（4）安全性测试是测试系统的漏洞和风险，如数据加密、网络安全等。

（5）易用性测试是测试系统的易学性、易操作性、可理解性等。

从不同的角度，对测试有不同的分类。图3-1总结了从不同角度进行的软件测试分类。很多测试可以见名知义。

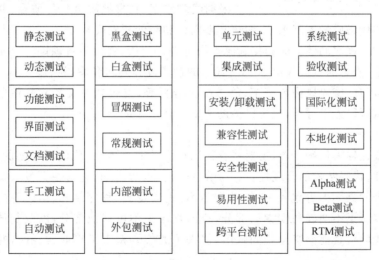

图3-1 从不同角度进行的软件测试分类

其中，冒烟测试是软件测试中的一种功能测试，旨在验证应用程序的基本功能是否能够正常工作而没有明显缺陷。在冒烟测试中，测试人员会进行一系列简单的测试，以确保软件能够顺利启动、基本功能可用，并且没有严重的问题阻碍测试的继续进行。冒烟测试通常在每次构建后或大型系统集成前进行，是一项快速、高级别的测试方式，有助于尽早发现潜在的严重问题。

3.2　软件测试策略与方法

软件测试策略是指制定测试整体策略，以及所使用的测试技术和方法。不同软件测试策略的区别在于不同的出发点、不同的思路，以及采用不同的手段和方法。具体地说，软件测试策略包括要使用的测试技术和工具、测试完成标准、影响资源分配的特殊考虑等。在此着重介绍要使用的测试技术。

3.2.1　静态测试和动态测试

按照是否运行程序，软件测试可分为静态测试和动态测试。静态测试通过人工或自动化工具对程序和文档进行分析和检查。动态测试通过人工或自动化工具运行程序进行检查，分析程序的执行状态和外部表现。

1. 静态测试

素质培养	静态测试不运行程序，却能找到30%～70%的逻辑设计和编码错误，不要觉得不运行程序就没法做测试。对事物的认知，需要打破刻板印象，用事实与数据说话。

静态测试（static testing）是一种在软件开发生命周期早期使用的测试方法，主要用于对软件源代码、文档和其他相关工作产品进行检查和评审，以发现其中存在的问题和缺陷。在此过程中，无须执行软件程序或创建测试环境。静态测试可以帮助团队及时发现错误，在早期改进软件质量，并提高开发者的专业技能和代码质量控制水平，缩短开发周期和降低开发成本。

静态测试对程序的数据流和控制流等信息进行分析，找出系统缺陷。在不运行被测试软件的情况下，静态测试可找出30%～70%的逻辑设计问题和编码错误。静态测试包括代码检查、代码审查、编码风格与规范、静态结构分析等，也包括对文档和软件原型的一些审查。静态测试可以人工进行，也可以借助测试工具自动进行。

1）代码检查

代码检查也称为代码走查，主要检查代码和设计的一致性、代码对标准的遵从性、逻辑表达的正确性、代码结构的合理性，以及代码的可读性等方面，通常由开发人员进行代码检查。代码检查的具体内容包括变量、数据类型、程序逻辑、程序结构、语法等内容。代码检查可以发现程序里不明确和模糊的部分，找出程序中不可移植部分，以及其他违背编程风格的问题。代码检查能够快速找到缺陷，但人工的代码检查工作非常耗时，并且要求人员经验丰富。

2）代码审查

代码审查是对代码的正式审查，与代码检查的目标一样，都是为了使代码符合标准规范、无逻辑错误。代码审查通常由包括测试人员在内的项目组成员以限时的正式会议的方式进行审查，并形成静态分析错误报告。在代码审查前需要准备好需求描述文档、程序设计文档、程序的源代码清单、代码编码标准和代码缺陷检查表等。

表3-1对比了代码检查和代码查审，以说明其中的区别与联系。

表 3-1 代码检查与代码审查的对比

项 目	代 码 检 查	代 码 审 查
准备	通读设计和编码	应准备好需求描述文档、程序设计文档、程序的源代码清单、代码编码标准和代码缺陷检查表
形式	非正式会议	正式会议
参加人员	以开发人员为主	项目组成员,包括测试人员
主要技术方法	无	缺陷检查表
注意事项	限时,不要现场修改代码	限时,不要现场修改代码
生成文档	会议记录	静态分析错误报告
目标	代码标准规范,无逻辑错误	代码标准规范,无逻辑错误

代码审查中通常要检查如下几方面的错误。

(1) 数据引用错误。指使用未经正确初始化和引用的变量、常量、数组、字符串或记录而导致的软件缺陷。例如变量未初始化、数组和字符串下标越界、对数组的下标操作遗漏、变量与赋值类型不一致、引用的指针未分配内存等。

(2) 数据声明错误。未正确地声明或使用变量和常量。

(3) 计算错误。计算无法得到预期结果。例如,不同数据类型或数据类型相同但长度不同的变量计算,计算过程中或计算结果溢出,赋值的变量上界小于赋值表达式的值,除数/模为零,变量的值超过有意义的范围(如概率的计算结果不在 0~1 范围),等等。

(4) 比较错误。比较和判断错误很可能是边界条件的问题。例如,混淆小于和小于或等于、逻辑表达式中的操作数不是逻辑值,等等。

(5) 控制流程错误。编程语言中循环等控制结构未按预期方式工作。通常由计算或者比较的错误直接或间接造成。例如,死循环,存在从未执行的代码,由于变量赋值错误而意外进入循环,等等。

(6) 子程序参数错误。子程序不正确地传递数据。例如,实际传送的参数类型或次序与定义不一致,更改了仅作为输入值的参数,等等。

(7) 输出错误。包括文件读取、接收键盘或者鼠标输入,以及向打印机或者屏幕等输出设备写入错误等。例如,软件没有严格遵守外部设备读写数据的专用格式,文件或外设不存在,错误情况发生时没有相应处理,未以预期的方式处理预计错误,错误提示信息不正确或不准确,等等。

3) 编码风格与规范审查

编码风格与规范审查主要检查代码是否符合团队或行业规定的编码标准。程序设计时要使程序结构合理、清晰。程序不仅要能可执行并得出正确结果,而且要便于调试和维护,具有良好的可读性。程序不仅要程序员自己能看懂,也要让别人看懂。好的程序设计和编码风格有助于提高程序的正确性、可读性、可维护性和可用性。

4) 静态结构分析

静态结构分析主要是以图形的方式表现程序的内部结构,如函数调用关系图、函数内部控制流图等。函数调用关系图以直观的图形方式描述程序中各个函数的调用和被调用关系;控制流图用于描述函数的逻辑结构。

5）文档检查

文档检查主要是检查各种文档是否符合规范和要求，内容明晰、逻辑正确等。审查的文档包括需求文档、设计文档、用户手册等。

6）原型检查

原型检查用于检查软件系统的原型是否满足用户需求和需求规格说明书的要求。

2. 动态测试

动态测试（dynamic testing）是一种在软件开发生命周期后期使用的测试方法，通过运行软件，检验软件的动态行为和运行结果的正确性，通过验证程序行为与规格说明书是否相符来发现问题。

在动态测试中，计算机必须真正运行被测试的程序，通过输入测试用例，对其运行情况即输入与输出的对应关系进行分析，以达到检测的目的。可以看出，动态测试的实现需要两个基本要素：一是可运行的被测试程序，二是测试数据（测试用例）。

动态测试可通过以下几个步骤来实现。

（1）选取程序输入定义域的有效值，以及定义域外的无效值，作为测试输入数据；

（2）根据测试输入数据确定预期的输出结果；

（3）用选取的输入数据执行被测程序；

（4）程序运行结果与预期结果相比较，如果结果不一致，说明找到了软件缺陷或故障。

3.2.2　黑盒测试与白盒测试

动态测试一般又分为黑盒测试和白盒测试。此外，还有一种介于白盒测试与黑盒测试之间的灰盒测试。

1. 黑盒测试

黑盒测试（black box testing）的基本观点是：任何程序都可被看作从输入定义域映射到输出值域的函数的过程。黑盒测试不关心内部代码结构。测试人员在不了解内部代码和结构的情况下，仅通过输入、输出和系统对各种输入的响应等"黑盒子视角"来评估软件的正确性、可靠性和安全性。这种测试方法通常用于评估整个软件系统，特别是在用户界面层次上进行的功能测试。黑盒测试强调测试应该关注期望的行为而不是实现细节，以确保软件可以按预期运行。

黑盒测试不仅能够找到大多数其他测试方法无法发现的错误，而且对于外购软件、参数化软件包以及某些生成的软件，由于无法得到源程序，用其他方法进行测试是完全无法完成的，只能进行黑盒测试。

黑盒测试主要针对软件界面、功能、外部数据库访问以及软件初始化等方面进行测试，试图发现功能错误或遗漏、界面错误或不美观、外部信息访问错误、性能错误、初始化和终止错误以及接口错误。

黑盒测试是功能测试方法，主要根据软件规格说明书设计测试用例。因此，黑盒测试方法具有以下特征。

（1）测试用例可复用。黑盒测试与软件的具体实现过程无关。当软件的具体实现过程发生变化时，黑盒测试用例仍可复用。

（2）时间优势。黑盒测试用例的设计可以与软件开发同时进行，可以压缩总的开发时间。

（3）测试人员独立于开发人员。黑盒测试是基于系统需求和功能进行的测试，测试人员不需要了解系统的内部设计和实现细节，可独立于开发人员进行测试。

（4）可自动化。黑盒测试方法可以被自动化执行，测试脚本在运行时模拟用户操作，检测系统的反应并记录结果。自动化测试能够提高测试效率。

（5）难以找到隐藏的缺陷。黑盒测试方法仅基于需求和规范测试软件系统，很难发现系统中的隐藏缺陷或异常情况。而且，由于无法查看软件的内部结构和代码，测试人员有可能会遗漏一些重要的测试场景。

（6）穷举输入测试方法。只有把所有可能的输入都进行测试，才能以这种方法查出程序中所有的功能错误。

黑盒测试的具体技术方法主要包括等价类划分法、边界值分析法、因果图法、决策表法等。

2. 白盒测试

白盒测试（white box testing）是一种着重于测试程序内部结构和逻辑关系的软件测试方法，又称结构测试或基于程序的测试、逻辑测试。白盒测试将被测程序看作一个打开的盒子，测试者能够看到被测源程序，分析程序的内部结构，包括设计、代码和算法等方面，根据其内部结构设计测试用例。

白盒测试可以帮助测试人员发现代码中隐藏的缺陷和错误，提高软件质量。与黑盒测试不同，白盒测试需要测试人员具备一定的编程知识和技能，以便理解和分析程序源代码。

也许有人认为，只要确保程序中所有的路径都执行一次，就能实现全面的白盒测试，进而产生"百分之百正确的程序"。但在实际中这是不可能实现的，即使是一个非常小的控制流程，进行穷举测试都需要花费巨大的时间代价。

在白盒测试时，通常的做法是对程序的结构特性做到一定程度的覆盖，也就是"基于覆盖率的测试"。测试人员可以严格定义要测试的确切内容，明确要达到的测试覆盖率，引导测试者朝着提高覆盖率的方向努力，找出那些可能已被忽视的程序错误。

常见的白盒测试方法包括语句覆盖、分支覆盖、条件覆盖、判定覆盖、判定/条件覆盖、路径覆盖。

虽然白盒测试提供了评价测试的逻辑覆盖准则，但如果程序结构本身存在问题，例如程序逻辑错误或者遗漏了软件规格说明书中已规定的功能，那么无论采用哪种结构测试，即使其覆盖率达到了百分之百，也检查不出来。因此，提高结构测试的覆盖率，可以增强对被测软件的信度，但也不能做到万无一失。

3. 灰盒测试

灰盒测试（gray box testing）是黑盒测试和白盒测试的结合。灰盒测试关注输出对于输入的正确性，也关注内部表现。

灰盒测试不像白盒测试那样详细完整，只通过一些表征性现象、事件和标志判断程序内部的运行状态。这是由于在实际测试工作中，有时候输出结果正确，但内部逻辑其实是错的。此时，如果每次都通过白盒测试寻找软件缺陷，效率会很低。为此，测试人员可以有限制地分析程序结构和功能，部分了解被测试系统的内部设计和实现细节，测试其内部状态和行为。

灰盒测试通常用于测试基于 Web 或客户-服务器架构的应用程序,并在数据交换、暴露逻辑错误以及尚未被覆盖的路径方面提供更好的测试覆盖率和有效性。它可以帮助测试人员发现潜在的性能问题、安全漏洞和其他缺陷,并帮助开发人员诊断和修复这些问题。

3.3 小　　结

本章介绍了软件测试策略与方法。首先简要介绍了不同分类标准下的测试方法,然后重点讲解静态测试与动态测试、黑盒测试与白盒测试,分别说明这些测试方法的概念、特点、囊括的范畴及相关步骤。

3.4 习　　题

1. 选择题

(1) 测试时采用人工检查或计算机辅助静态分析的手段检查程序。这种测试称为(　　)。

　　A. 白盒测试　　　B. 黑盒测试　　　　C. 静态测试　　　　D. 动态测试

(2) 下列说法中正确的是(　　)。

　　A. 程序测试无法确认程序没有错误

　　B. 黑盒测试是逻辑驱动的测试

　　C. 穷举测试一定可以暴露数据敏感错误

　　D. 白盒测试是一种输入输出驱动的测试

(3) 软件测试中常用的静态分析方法是(　　)。

　　① 引用分析;② 算法分析;③ 可靠性分析;④ 效率分析;⑤ 代码走查

　　A. ①③　　　　　B. ④③　　　　　　C. ②⑤　　　　　　D. ①⑤

(4) 代码走查和代码审查的主要区别是(　　)。

　　A. 代码审查由程序员组织讨论,代码走查由高级管理人员领导评审活动

　　B. 代码审查只检查代码是否错误,代码走查还要检查程序与设计文档的一致性

　　C. 代码走查只检查程序的正确性,代码审查还要评审程序员的编程和工作业绩

　　D. 代码审查是一种正式的评审活动,而代码走查的讨论过程是非正式的

(5) 下列中不属于静态分析的是(　　)。

　　A. 代码规则检查　　　　　　　　　B. 程序结构分析

　　C. 程序复杂度分析　　　　　　　　D. 内存泄露

(6) 下列中不属于动态分析的是(　　)。

　　A. 代码覆盖率　　　　　　　　　　B. 程序数据流分析

　　C. 系统压力测试　　　　　　　　　D. 模块功能检查

（7）黑盒测试一般从（　　）的观点来执行测试。

　　A. 最终用户　　　B. 设计人员　　　C. 程序员　　　D.软件购买者

（8）黑盒测试是一种重要的测试策略，又称数据驱动的测试，其测试数据来源于（　　）。

　　A. 软件规格说明书　　　　　　　B. 软件设计说明书

　　C. 概要设计说明书　　　　　　　D. 详细设计说明书

2. 判断题

（1）动态测试有黑盒测试和白盒测试两种测试方法。　　　　　　　　　（　　）

（2）测试是调试的一部分。　　　　　　　　　　　　　　　　　　　（　　）

（3）在不了解软件功能、没有产品说明书和需求文档的条件下可进行动态黑盒测试。

　　　　　　　　　　　　　　　　　　　　　　　　　　　　　　　（　　）

（4）软件测试按照测试过程分为黑盒测试和白盒测试。　　　　　　　（　　）

3. 简答题

（1）动态测试和静态测试的区别是什么？

（2）划分软件测试属于白盒测试还是黑盒测试的依据是什么？

第4章 黑盒测试

黑盒测试不需要了解程序源代码,只需要根据软件需求规格说明书或用户手册的描述,测试人员借助专业知识执行测试,检查程序的功能是否符合功能说明,以测试结果来评估软件的正确性、可用性和健壮性。

黑盒测试方法主要用于发现以下几类错误。①是否有不正确或遗漏了的功能;②在接口上,输入能否正确地接收,能否输出正确的结果;③是否有数据结构错误或外部信息(如数据文件)访问错误;④性能上是否能够满足要求;⑤是否有初始化或终止性错误。

黑盒测试——
等价类

在黑盒测试时,必须在所有可能的输入条件和输出条件中确定测试数据,以检查程序是否都能够产生正确的输出。然而,这实际是不可能实现的。因此,黑盒测试必须精心设计测试用例,期待从数量极大的可用测试数据中精选出少量的测试数据,通过少量测试数据高效地把隐藏的错误揭露出来。

本章介绍黑盒测试中常用的方法。通过本章的学习,读者可对黑盒测试技术中的等价类、边界值、决策表、因果图、场景法、正交试验法和错误猜测法有深入的理解和体会,并能够使用具体测试方法设计测试用例。

不同的黑盒测试方法有不同的特点和应用场景。在具体的测试实践中,测试人员应根据具体需求选择合适的黑盒测试方法或方法组合,以提高测试效率和质量。

4.1 等 价 类

4.1.1 等价类划分法的应用场景

软件测试有一个致命的缺陷,就是测试的不彻底性和不完全性。由于穷举测试的测试数量太大,实际中无法实现,需要在大量的可用数据中选择一部分作为测试数据,同时考虑测试效果和测试实际的经济性。这样一来,如何选取合适的测试用例就成为关键问题,由此引入等价类测试的思想。使用等价类划分最主要的目的是在有限的测试资源情况下,用少量有代表性的测试数据得到比较好的测试结果。

等价类

等价类划分法是一种典型的黑盒测试方法,它完全不考虑程序的内部结构,只根据程序规格说明书对输入范围进行划分,把所有可能的输入数据,即程序输入域,划分为若干互不相交的子集,称为等价类,然后从每个等价类中选取少数具有代表性的数据设计测试用例,进行测试。也就是说,等价类划分法的核心思想是"用一组有限的数据代表近似无限的数据"。

等价类划分通过识别许多相等的条件,严格控制了测试用例的数量,并覆盖了大部分其他可能的测试用例,但这种方式不能测试输入条件存在组合的情况。

等价类测试的关键在于等价类的划分(即得出等价类表),以及从等价类中选取测试用例。

4.1.2　等价类的划分原则与方法

等价类是指某个输入域的子集合,在该子集合中,各个输入数据对于揭露程序中的错误都是等效的,并合理地假设:测试某等价类的代表值就等价于对这一类其他值的测试。

如果某个等价类中的一个输入条件作为测试数据进行测试时查出了错误,那么使用这一等价类中的其他输入条件进行测试也会查出同样的错误;反之,若没有查出错误,则认为使用该等价类中的其他输入条件也同样查不出错误。

下面以经典的三角形判定问题为例,说明等价类法设计测试用例的思路。

【例 4-1】　在三角形判定程序中,程序接收 3 个整数 a、b、c 作为输入,用作三角形的边。整数 a、b、c 必须满足以下条件:

c_1. $0<a\leqslant200$

c_2. $0<b\leqslant200$

c_3. $0<c\leqslant200$

c_4. $a<b+c$

c_5. $b<a+c$

c_6. $c<a+b$

程序的输出是由这三条边确定的三角形类型:等边三角形、等腰三角形、普通三角形和非三角形。

例 4-1 中,如果已经选择了三元组$(5,5,5)$作为测试用例的输入,那么再输入$(6,6,6)$和$(100,100,100)$时,可以预期不会再发现新问题。这是因为,后两组测试数据将会以与第一个测试用例同样的方式进行"相同处理"。因此,后两组测试用例是冗余的。

可以把全部输入数据合理地划分为若干等价类,在每个等价类中取一个数据作为测试的输入条件,实现用少量代表性测试数据的测试效果。例如在三角形判定问题中,把满足条件 c_1、c_2、c_3 和 $a=b=c$ 的数据归入一个等价类,取其中一组数据$(5,5,5)$作为测试用例即可,其他同类型数据都不必再选。

1. 等价类的划分原则

等价类法中对类的划分,指将输入域划分为一组互不相交的子集,且这组子集的并集构成全集。这也是等价类划分的原则。

等价类是输入域的某个子集,而所有等价类的并集就是整个输入域。因此,等价类具有完备性、无冗余性和各类中测试用例的等价性。

注意,软件不能只接收有效的、合理的数据,还要经受意外考验,即接收无效的、不合理的数据,这样才能说明软件的可靠性较高。因此,在划分等价类时,需要考虑两种不同情况:有效等价类和无效等价类。

(1) 有效等价类是指由对于程序规格说明书来说是合理的、有意义的输入数据构成的集合。有效等价类可检验程序是否实现了程序需求规格说明书中所规定的功能和性能。

（2）无效等价类是指由对于程序规格说明书是不合理的或无意义的输入数据所构成的集合。用于鉴别程序异常处理的情况,检查被测对象的功能和性能的实现是否有不符合程序规格说明书要求的地方。无效等价类至少应有一个,也可能有多个。

2. 等价类的划分方法

等价类的划分是指将输入域划分为互不相交的一组子集,这些子集的并集是整个集合。给定集合 B,以及 B 的一组子集 $A_1, A_2, \cdots, A_n$,这些子集是 B 的一个划分,当且仅当:$A_1 \cup A_2 \cup \cdots \cup A_n = B$,且 $i \neq j$,$A_i \cap A_j = \varnothing$,$1 \leqslant i, j \leqslant n$。

在实际划分时,首先从程序规格说明书中找出各个输入条件,再为每个输入条件划分两个或多个等价类,形成若干互不相交的子集;然后,对每个有效等价类确定相应的无效等价类。通常,从正常输入、边界输入和非法输入三个方面考虑程序的输入。

下面给出几条确定等价类的重要方法。

（1）在输入条件规定了取值范围或值的个数的情况下,可以确立一个有效等价类和两个无效等价类。例如,输入值是学生成绩,范围是 0~100,则等价类的划分如图 4-1 所示。

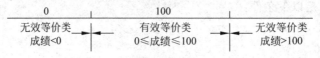

图 4-1　学生成绩的等价类划分

图 4-1 中,有效等价类为 0≤成绩≤100;无效等价类为成绩<0,成绩>100。

（2）在输入条件规定了输入值的集合或者规定了"必须如何"的条件下,可以确立一个有效等价类和一个无效等价类。

（3）输入条件是布尔量时,可以确定一个有效等价类和一个无效等价类。

（4）在规定了输入数据的一组值（假定 n 个）,并且程序要对每一个输入值分别处理的情况下,可确立 n 个有效等价类和一个无效等价类。

例如,输入条件说明学历可为专科、本科、硕士、博士 4 种之一,则分别取这 4 个值作为 4 个有效等价类,另外把 4 种学历之外的任何学历作为无效等价类。

（5）在规定了输入数据必须遵守的规则情况下,可确立一个有效等价类（符合规则）和若干无效等价类（从不同角度违反规则）。

例如,若微信红包的金额输入框要求输入数据必须为数字,则可划分一个有效等价类（输入数据是数字）和若干无效等价类（如输入数据为字母、标点符号等）。

（6）在确知已划分的等价类中,各元素在程序中处理的方式不同,则应进一步将该等价类划分为更小的等价类。

例如,每位学生可选修 1~3 门课程,那么
- 可以划分一个有效等价类:选修 1~3 门课程;
- 可以划分两个无效等价类:未选修课,选修课超过 3 门。

又如,标识符的第一个字符必须是字母,那么
- 可以划分一个有效等价类:第一个字符是字母;
- 可以划分一个无效等价类:第一个字符不是字母。

此时可进一步划分无效等价类为:第一个字符是特殊符号,第一个字符为空等。

在确立了等价类后,可建立等价类表,列出所有划分出的等价类,如表 4-1 所示;也可以根据输出条件,列出输出阈值的等价类,如表 4-2 所示。

表 4-1 等价类表(输入条件)

输入条件	有效等价类	无效等价类
……	……	……
……	……	……

表 4-2 等价类表(输出阈值)

输出条件	有效等价类	无效等价类
……	……	……
……	……	……

4.1.3 等价类划分法设计测试用例

在划分完等价类后,可根据列出的等价类表,按照以下步骤设计测试用例。

(1)为每一个等价类规定一个唯一的编号。

(2)设计一个新的测试用例,使其尽可能多地覆盖尚未被覆盖的有效等价类。重复这一步,直到所有的有效等价类都被覆盖为止。

> 素质培养
>
> 在采用等价类划分法设计测试用例时,对于不同类型的等价类,要采用不同的策略设计测试用例来实现对等价类的覆盖。遵循规范、细致严谨的设计测试用例,既要避免冗余设计,也要避免遗漏。

(3)设计一个新的测试用例,使其仅覆盖一个尚未被覆盖的无效等价类。重复这一步,直到所有的无效等价类都被覆盖为止。

【例 4-2】 对分为两段的数字类型的软件规格说明书进行等价类划分,并设计完整的测试用例。

某城市的电话号码由地区码和电话号码两部分组成。软件规格说明书中要求被测程序能接收一切符合上述规定的电话号码,拒绝所有不符合规定的号码,用等价类法设计以上要求的测试用例。

地区码:以 0 开头的 3 位或者 4 位数字(包括 0)。

电话号码:以非 0、非 1 开头的 7 位或者 8 位数字。

(1)划分等价类并编号,如表 4-3 所示。

表 4-3 电话号码的等价类设计

输入数据	有效等价类	无效等价类
地区码	① 以 0 开头的 3 位数串 ② 以 0 开头的 4 位数串	③ 以 0 开头的含有非数字字符的串 ④ 以 0 开头的小于 3 位的数串 ⑤ 以 0 开头的大于 4 位的数串 ⑥ 以非 0 开头的数串
电话号码	⑦ 以非 0、非 1 开头的 7 位数串 ⑧ 以非 0、非 1 开头的 8 位数串	⑨ 以 0 开头的数串 ⑩ 以 1 开头的数串 ⑪ 以非 0、非 1 开头的含有非法字符的 7 位或者 8 位数串 ⑫ 以非 0、非 1 开头的小于 7 位的数串 ⑬ 以非 0、非 1 开头的大于 8 位的数串

（2）为有效等价类设计测试用例,如表 4-4 所示。

表 4-4　电话号码的有效等价类测试用例设计

测试用例序号	测试数据	期望结果	覆盖的有效等价类
1	010 3145678	显示有效输入	①⑦
2	023 22345678	显示有效输入	①⑧
3	0851 3456789	显示有效输入	②⑦
4	0851 23145678	显示有效输入	②⑧

（3）为每个无效等价类设计一个测试用例,如表 4-5 所示。

表 4-5　电话号码的无效等价类测试用例设计

测试用例序号	测试数据	期望结果	覆盖的有效等价类
1	0a34　23456789	显示无效输入	③
2	05　23456789	显示无效输入	④
3	01234　456789	显示无效输入	⑤
4	2341　23456789	显示无效输入	⑥
5	02801234567	显示无效输入	⑨
6	028　12345678	显示无效输入	⑩
7	028 qw123456	显示无效输入	⑪
8	028　623456	显示无效输入	⑫
9	028　886234569	显示无效输入	⑬

【例 4-3】　对能够执行具体功能的软件规格说明书进行等价类划分,并设计完整的测试用例。

仍旧以三角形判定程序为例。输入 3 个整数 a、b、c 分别作为三角形的 3 条边,通过程序判断由这 3 条边构成的三角形类型是等边三角形、等腰三角形、一般三角形或非三角形(不能构成一个三角形)。

【分析】　确认软件规格说明书中明确的和隐含的对输入条件的要求。

输入条件:①整数;②3 个数;③非零数;④正数;⑤两边之和大于第三边;⑥等腰;⑦等边。

输出结果:如果 a、b、c 满足条件①～④,则输出下列 4 种情况之一。①如果不满足条件⑤,则程序输出为“非三角形”;②如果 3 条边相等即满足条件⑦,则程序输出为“等边三角形”;③如果只有两条边相等,即满足条件⑥,则程序输出为“等腰三角形”;④如果 3 条边都不相等,则程序输出为“一般三角形”。

【测试用例设计】

（1）划分等价类并编号,如表 4-6 所示。

作业讲解 1——
等价类

表 4-6 三角形判定问题的等价类

输 入 条 件	有效等价类	无效等价类
输入 3 个整数	① 整数	⑫ a 为非整数 ⑬ b 为非整数 ⑭ c 为非整数 ⑮ a 和 b 为非整数 ⑯ b 和 c 为非整数 ⑰ a 和 c 为非整数 ⑱ a、b 和 c 为非整数
	② 三个数	⑲ 只输入 a ⑳ 只输入 b ㉑ 只输入 c ㉒ 只输入 a 和 b ㉓ 只输入 b 和 c ㉔ 只输入 a 和 c ㉕ 输入 3 个以上
	③ 非零数	㉖ a 为 0 ㉗ b 为 0 ㉘ c 为 0 ㉙ a 和 b 为 0 ㉚ b 和 c 为 0 ㉛ a 和 c 为 0 ㉜ a、b、c 为 0
	④ 正数	㉝ a<0 ㉞ b<0 ㉟ c<0 ㊱ a<0 且 b<0 ㊲ a<0 且 c<0 ㊳ b<0 且 c<0 ㊴ a<0 且 b<0 且 c<0
一般三角形	⑤ a+b>c ⑥ b+c>a ⑦ a+c>b	㊵ a+b=c ㊶ a+b<c ㊷ b+c=a ㊸ b+c<a ㊹ a+c=b ㊺ a+c<b
等腰三角形	⑧ a=b 但 a 不等于 c ⑨ b=c 但 a 不等于 b ⑩ a=c 但 a 不等于 b	
等边三角形	⑪ a=b=c	

（2）为有效等价类设计测试用例：设计一个新的测试用例，使它能够至少覆盖一个（尽可能多）尚未覆盖的有效等价类，如表 4-7 所示。

表 4-7   三角形判定问题的有效等价类测试用例设计

输入 a	输入 b	输入 c	预期输出	覆盖的有效等价类
3	4	5	一般三角形	①～⑦
4	4	5	等腰三角形	①～⑦；⑧
4	5	5	等腰三角形	①～⑦；⑨
5	4	5	等腰三角形	①～⑦；⑩
4	4	4	等边三角形	①～⑦；⑪

（3）为每个无效等价类至少设计一个测试用例：设计一个新的测试用例，使它仅覆盖一个尚未覆盖的无效等价类，如表 4-8 所示。

表 4-8   三角形判定问题的无效等价类测试用例设计

输入 a	输入 b	输入 c	覆盖的无效等价类	输入 a	输入 b	输入 c	覆盖的无效等价类
2.5	4	5	⑫	0	0	5	㉙
3	4.5	5	⑬	3	0	0	㉚
3	4	5.5	⑭	0	4	0	㉛
3.5	4.5	5	⑮	0	0	0	㉜
3	4.5	5.5	⑯				
3.5	4	5.5	⑰	−3	4	5	㉝
4.5	4.5	5.5	⑱	3	−4	5	㉞
3	空	空	⑲	3	4	−5	㉟
空	4	空	⑳	−3	−4	5	㊱
空	空	5	㉑	−3	4	−5	㊲
3	4	空	㉒	3	−4	−5	㊳
空	4	空	㉓	−3	−4	−5	㊴
3	空	5	㉔	3	1	5	㊵
3	4	5	㉕	3	2	5	㊶
				3	1	1	㊷
0	4	53	㉖	3	4	1	㊸
3	0	5	㉗	1	4	2	㊹
3	4	0	㉘	3	4	1	㊺

4.1.4   健壮等价类

健壮等价类是软件测试中的一种特殊等价类类型。与普通等价类不同，健壮等价类不是针对输入合法和非法值的测试，而是将测试数据分为三类：有效的输入数据、无效但尚可容忍的输入数据、无效且不可容忍的输入数据。

（1）有效的输入数据是指输入数据合法并且满足需求规范。

（2）无效但尚可容忍的输入数据是指输入数据虽然不满足需求规范,但它们会被系统接收并能够正常处理。

（3）无效且不可容忍的输入数据是指输入数据明显不符合需求规范,且不能被系统接收或无法正常处理。

健壮等价类的目标是测试系统是否能够在不同的异常情况下仍能正常运行,在设计测试用例时要考虑：①测试有效的输入数据；②测试无效但尚可容忍的输入数据；③测试无效且不可容忍的输入数据；④测试输入数据的边界情况,如输入数据达到最小值和最大值时系统的反应；⑤测试输入数据的格式和范围,如输入的数据格式是否正确,输入数据的范围是否超过了规定值。

使用健壮等价类可以增加测试用例的覆盖率,尤其是针对那些输入为非法但可容忍的情况。它也可以帮助测试人员发现那些不太可能被发现的错误,是软件测试中一个非常重要的测试用例设计方法之一。

4.2 边 界 值

人们从长期的测试工作经验中得知,大量的错误发生在输入和输出范围的边界上,而不是在输入范围内。可以用一句谚语来具体形象地形容软件缺陷的出现位置：缺陷遗漏在角落里,聚集在边界上。

黑盒测试——
边界值及错
误推测法

通常来说,程序在处理大量的中间数值时都是无误的,但在边界处可能会出现各种各样的错误。边界值法所设计的测试用例,更有可能发现程序中的错误,因此经常把它与其他测试用例设计方法结合起来使用,边界值法是对等价类法的有效补充。

4.2.1 边界值分析法的应用场景

边界值分析法就是对输入或输出的边界值进行测试的一种黑盒测试方法。在设计测试用例时,边界值分析法需要：①确定边界情况,通常,输入或输出等价类的边界就是应该着重测试的边界；②选取正好等于、刚刚大于或刚刚小于边界的值作为测试数据,而不是选取等价类中的典型值或任意值。

确定边界是边界值分析法的重要工作。例如,在给定条件 C 下,软件执行一种操作,对给定任意小的 δ,在条件 C+δ 或 C−δ 时会执行另外的操作,则条件 C 就是这个操作的一个边界。

软件测试中常见的边界检验有数字、位置、质量、字符、速度、尺寸、大小、方位和空间等。为此,需要考虑这些数据类型的下述特征：第一个和最后一个、最小值和最大值、开始和完成、超过和在内、空和满、最短和最长、最慢和最快、最早和最迟、最高和最低、相邻和最远等。

1. 常见的边界

需要特别注意规格说明书中显现的和隐藏的边界。下面举例说明常见的边界。

（1）对 16 位的整数而言，32767 和 −32768 是数据处理的范围边界。

（2）屏幕上光标在最左上、最右下的位置。

（3）报表的第一行和最后一行。

（4）数组元素的第一个和最后一个。

（5）循环的第 0 次、第 1 次和倒数第 2 次、最后一次。

表 4-9 给出了几种常见的边界值情况。

表 4-9　几种常见的边界值情况

项	边　界　值	测试用例的设计思路
字符	起始 − 1 个字符/结束 + 1 个字符	假设一个文本输入区域允许输入 1～255 个字符，输入 1 个和 255 个字符作为有效等价类；输入 0 个和 256 个字符作为无效等价类，这几个数值都属于边界条件值
数值	最小值 −1/最大值 +1	假设某软件的数据输入域要求输入 5 位的数据值，可以使用 10000 作为最小值，99999 作为最大值；然后使用刚好小于 5 位和大于 5 位的数值作为边界条件
空间	小于空余空间一点/大于满空间一点	例如在用 U 盘存储数据时，使用比剩余磁盘空间大一点（几千字节）的文件作为边界条件

2. 其他边界条例

在软件领域，还有以下需要关注的其他边界条件。

（1）在软件中，字符是非常重要的元素，常用 ASCII 和 Unicode 方式进行编码。表 4-10 列出了一些常用字符对应的 ASCII 码值。例如，对于大写的字母 A，其 ASCII 码值为 65，使用边界值法，比 A 大一点的输入为 B，对应的 ASCII 码值为 66，小一点的输入为@，对应的 ASCII 码值为 64。

表 4-10　常用字符对应的 ASCII 码值

字　符	ASCII 码值	字　符	ASCII 码值	字　符	ASCII 码值
空（null）	0	冒号（：）	58	Z	90
空格（space）	32	@	64	a	97
斜线（/）	47	A	65	z	122
0	48	B	66	单引号（'）	96

（2）计算机是基于二进制工作的，因此软件的任何数值都有一定的范围限制。计算机中常用数值运算的范围如表 4-11 所示。

表 4-11　计算机中常用数值运算的范围

项	范围或值	项	范围或值
位（bit）	0 或 1	千（K）	1024
字节（byte）	0～255	兆（M）	1048576
字（word）	0～65535（单字）或 0～4294967295（双字）	吉（G）	1073741824

（3）经常被忽视的其他情况。例如,在文本框中没有输入任何内容就单击"确认"按钮等。在实际测试中,需要特别注意程序中对默认值、空白、零值、空值、无输入等情况的处理。

4.2.2 边界值分析的原则

在进行边界值测试时,应该遵循以下原则确定边界条件的取值。

（1）如果输入条件规定了值的范围,则应取刚达到这个范围的边界值以及刚刚超过这个范围边界的值作为测试输入数据。例如,若输入值的范围是−100～100 的整数,则可选取−100、100、−101、101 作为测试输入数据。

（2）如果输入条件规定了值的个数,则用最大个数、最小个数和比最大个数多 1 个、比最小个数少 1 个的数作为测试数据。例如,一个输入文件可以有 1～255 个记录,则可以分别设计有 1 个记录、255 个记录、0 个记录和 256 个记录的输入文件。

对于一些程序,由于输入值的边界可能与输出值的边界并不相对应,所以要特别注意检查输出值的边界情况。下面的原则（3）和（4）用于考虑输出条件的边界。当然,也可能无法产生超出输出值值域之外的结果。

（3）对于程序规格说明书的每个输出条件,使用原则（1）。例如,某程序的功能是计算折扣量,最低折扣量是 0 元,最高折扣量是 900 元,则设计一些测试用例,使它们恰好产生 0 元和 900 元的输出结果。此外,还可考虑设计结果小于 0（为负值如−1）或大于 900 元（如 901 元）的测试用例。

（4）对于程序规格说明书的每个输出条件,使用原则（2）。例如,一个求职软件系统根据用户输入的条件显示推荐的工作,但最多只显示 4 个工作。这时可设计一些测试用例,使得程序分别显示 1 个、4 个和 0 个工作,并设计一个有可能使程序错误地显示推荐 5 个工作的测试用例。

（5）如果程序规格说明书给定输入域或输出域是有序集合（如有序表、顺序文件等）,则应选取集合中的第一个和最后一个元素作为测试用例。

（6）如果程序中使用了一个内部数据结构,则应选择这个内部数据结构边界上的值作为测试用例。例如,对于程序中定义的数组,其元素下标的下界是 0,上界是 100,则以达到这个数组下标边界的值 0 与 100 作为测试用例。

（7）细致分析程序规格说明书,找出其他可能的边界条件。

4.2.3 边界值分析法设计测试用例

边界值分析法是基于可靠性理论中的"单故障"假设,即有两个或两个以上故障同时出现而导致软件失效的情况很少。也就是说,软件失效基本上是由单故障引起的。

因此,边界值分析法利用输入变量的最小值（min）、略大于最小值（min+）、输入变量值域内的任意值（nom）、略小于最大值（max−）和最大值（max）来设计测试用例。边界值分析法获取测试用例的具体步骤如下。

（1）每次保留程序中的一个变量,让其余的变量取正常值,被保留的变量依次取 min、

min+、nom、max-和 max。

（2）对程序中的每个变量，重复步骤（1）。

【例 4-4】 有二元函数 f(x,y)，其中 x∈[1,12]，y∈[1,31]。采用边界

作业讲解 2——
边界值

值分析法设计测试用例。

答案解析：{<1,15>，<2,15>，<11,15>，<12,15>，<6,15>，<6,1>，<6,2>，<6,30>，<6,31>}。

由例 4-4 可以得出结论：对于含有 n 个输入变量的程序，采用边界值法将设计 4n+1 个测试用例，这里最后的+1，指的是各变量取正常值的情况。

这个方法看起来似乎很简单，但是由于实际程序中的边界情况复杂，要针对问题找出适当的输入域和输出域边界，仍需要耐心细致地逐个分析考虑。

【例 4-5】 对于一个标准化考试批阅试卷产生成绩报告的程序，其规格说明如下。

程序的输入文件由一些有 80 个字符的记录（卡片）组成。所有这些记录分为以下三组。

① 标题。这一组只有一个记录，其内容是成绩报告的标题。

② 各题的标准答案。每个记录均在第 80 个字符处标以数字"2"。该组的第 1 个记录的第 1~3 个字符为试题数（取值为 1~999）。第 10~59 个字符给出第 1~50 题的标准答案（每个合法字符表示一个答案）。该组的第 2 个、第 3 个……记录相应为第 51~100 题、第 101~150 题……的标准答案。

③ 学生的答卷。每个记录均在第 80 个字符处标以数字"3"。每个学生的答卷在若干记录中给出。例如，某甲的第 1 个记录第 1~9 个字符给出学生的学号，第 10~59 个字符列出所做的第 1~50 题的解答。若试题数超过 50，则其第 2 个、第 3 个……记录分别给出他的第 51~100 题、第 101~150 题……的解答。然后是某乙的答卷记录。

输入数据记录格式如图 4-2 所示。要求学生人数不超过 200 人，试题个数不超过 999。程序输出以下 4 个报告。

① 按学号排列的成绩单，列出每个学生的成绩（百分制）、名次。

② 按学生成绩排序的成绩单。

③ 平均分数及标准偏差的报告。

④ 试题分析报告。按试题号排列，列出各题学生答对的百分比。

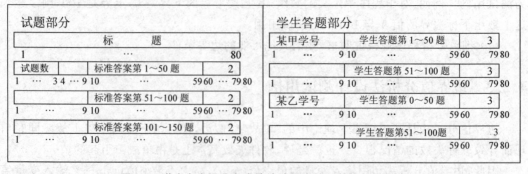

图 4-2 学生考卷评分和成绩统计程序输入数据记录格式

采用边界值法设计测试用例。

答：表 4-12 和表 4-13 分别列出根据输入条件、输出条件和边界条件所选择的测试用例。

表 4-12 考虑输入条件的评分和成绩统计程序的测试用例

序号	输入条件	测 试 用 例
1	输入文件	① 输入文件为空
2	标题	② 没有标题记录 ③ 标题只有一个字符 ④ 标题有 80 个字符
3	试题数	⑤ 试题数为 1 ⑥ 试题数为 50 ⑦ 试题数为 51 ⑧ 试题数为 100 ⑨ 试题数为 999 ⑩ 试题数为 0 ⑪ 试题数含有非数字字符
4	标准答案记录	⑫ 没有标准答案记录,有标题 ⑬ 标准答案记录多一个 ⑭ 标准答案记录少一个
5	学生人数	⑮ 0 个学生 ⑯ 1 个学生 ⑰ 200 个学生 ⑱ 201 个学生
6	学生答题	⑲ 某学生只有一个答题记录,但有两个标准答案记录 ⑳ 该学生是文件中的第一个学生 ㉑ 该学生是文件中的最后一个学生(记录数出错的学生)
7	学生答题	㉒ 某学生有两个答题记录,但只有一个标准答案记录 ㉓ 该学生是文件中第一个学生(指记录数出错的学生) ㉔ 该学生是文件中的最后一个学生

表 4-13 考虑输出条件的评分和成绩统计程序的测试用例

序号	输出条件	测 试 用 例
8	学生成绩	㉕ 所有学生的成绩都相等 ㉖ 每个学生的成绩都互不相同 ㉗ 部分(不是全体)学生的成绩相同(检查是否能按成绩正确排名次) ㉘ 有一个学生得 0 分 ㉙ 有一个学生得 100 分
9	输出报告 1、2	㉚ 有一个学生的学号最小(检查按学号排序是否正确) ㉛ 有一个学生的学号最大(检查按学号排序是否正确) ㉜ 适当的学生人数,使产生的报告刚好印满一页(检查打印页数) ㉝ 学生人数比刚才多出 1 人(检查打印换页)
10	输出报告 3	㉞ 平均成绩为 100 分(所有学生都得满分) ㉟ 平均成绩为 0 分(所有学生都得 0 分) ㊱ 标准偏差为最大值(有一半学生得 0 分,其他 100 分) ㊲ 标准偏差为 0(所有学生的成绩都相等)

续表

序号	输出条件	测试用例
11	输出报告 4	㊳ 所有学生都答对了第一题 ㊴ 所有学生都答错了第一题 ㊵ 所有学生都答对了最后一题 ㊶ 所有学生都答错了最后一题 ㊷ 选择适当的试题数,使报告 4 刚好打印满一页 ㊸ 试题数比刚才多 1 题,使报告打印满一页后,刚好剩下一题未打印

上述 43 个测试用例可以发现程序中大部分常见的错误。如果用随机法设计测试用例,不一定会发现这些错误。

4.2.4 健壮边界值

健壮性测试是边界值分析法的一个简单扩充,它除了对变量的边界值分析取值外,还需要增加一个略大于最大值(max+)以及略小于最小值(min−)的取值,检查超过极限值时系统的情况。由分析可知,对于有 n 个变量的函数,采用健壮性测试需要 6n+1 个测试用例。

健壮性测试最关心的不是输入边界,而是预期的输出。其最大的价值在于观察处理输出的异常情况。健壮性测试是检测软件系统容错性的重要手段。

【例 4-6】 有二元函数 $f(x,y)$,其中 $x \in [1,12]$,$y \in [1,31]$。采用健壮边界值法设计测试用例。

答案解析:$\{<0,15>,<1,15>,<2,15>,<11,15>,<12,15>,<13,15>,<6,15>,$
$<6,0>,<6,1>,<6,2>,<6,30>,<6,31>,<6,32>\}$。

在最坏情况下,测试拒绝单缺陷假设,此时关注多个变量取极值时会出现的组合情况。对每一个输入变量首先获得最小值、略大于最小值、正常值、略小于最大值和最大值的 5 个元素结合的测试,然后对这些集合进行笛卡儿积计算,生成测试用例。

对于有两个变量的程序,其最坏情况的测试用例如图 4-3 所示。显而易见,最坏情况下的测试将更加彻底,因为边界值测试是最坏情况测试用例的子集。进行最坏情况测试意味着更多的测试工作量。对于有 n 个变量的函数,其最坏情况测试将会产生 5^n 个测试用例,而边界值分析只会产生 $4n+1$ 个测试用例。

可以推知,健壮性测试的最坏情况是对最坏情况测试的扩展,这种测试使用健壮性测试的 7 个元素集合的笛卡儿积,将会产生 7^n 个测试用例。图 4-4 给出了两个变量函数的健壮性测试最坏情况的测试用例。

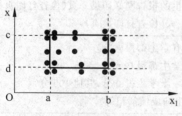

图 4-3　最坏情况的测试用例

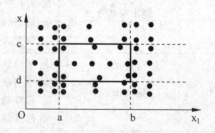

图 4-4　健壮性测试最坏情况的测试用例

4.3 决 策 表

对于输入条件存在组合的情况,等价类划分法和边界值分析法都无法处理。那么,怎么办呢?

决策表(decision table)也叫判定表,是分析和表达多逻辑条件下执行不同操作情况的工具。可以用在包含软件测试在内的任何存在多逻辑组合的领域。适用于描述处理判断条件较多、各条件又相互组合、有多种决策方案的情况。

黑盒测试——
决策表

4.3.1 决策表法的应用场景

在黑盒测试方法中,基于决策表的测试是最为严格、最具有逻辑性的测试方法。

决策表能够将复杂的问题按照各种可能的情况全部列举出来,简明并避免遗漏。因此,利用决策表能够设计出逻辑完整的测试用例集合。

由于决策表可以把复杂的逻辑关系和多种条件组合的情况表达得既具体又明确,在程序设计发展初期,决策表就已被当作编写程序的辅助工具了。

素质培养

决策表法是一种通用的适于描述和分析多逻辑组合的工作。其他领域中任何适用于软件测试特征的方法,都可借鉴使用。将工程化的方法应用于软件测试领域,培养工程化思维方式。

4.3.2 决策表的构成

决策表通常由以下 4 部分组成。

(1) 条件桩(condition stub):列出问题的所有条件。通常认为所列出的条件的顺序无关紧要。

(2) 动作桩(action stub):列出问题规定可能采取的操作。这些操作的排列顺序没有约束。

(3) 条件项(condition entry):列出针对它左列条件的取值,即在所有可能情况下的真假值。

(4) 动作项(action entry):列出在条件项各种取值情况下应该采取的动作。

如表 4-14 所示,将任何一个条件组合的特定取值及相应要执行的动作称为一条规则。在决策表中贯穿条件项和动作项的一列就是一条规则。显然,决策表中列出多少组条件取值,就有多少条规则,对应着条件项和动作项的列数。

表 4-14 决策表的构成

规则	规则 1	规则 2	…	规则 P
条件桩	条件项取值	条件项取值	…	条件项取值
条件桩	条件项取值	条件项取值	…	条件项取值
动作桩	对应的动作项	对应的动作项	…	对应的动作项
动作桩	对应的动作项	对应的动作项	…	对应的动作项

“阅读指南”决策表如表 4-15 所示。

表 4-15 “阅读指南”决策表

问题与建议		1	2	3	4	5	6	7	8
问题	觉得疲倦	Y	Y	Y	Y	N	N	N	N
	感兴趣	Y	Y	N	N	Y	Y	N	N
	糊涂	Y	N	Y	N	Y	N	Y	N
建议	重读				√				
	继续					√			
	跳至下一章						√		
	休息		√						

4.3.3 决策表的构造与化简

一般来说，通过以下 5 个步骤构造决策表。

(1) 确定规则的个数。有 n 个条件的决策表，就有 2^n 个规则(每个条件分别取真、假值)。

(2) 列出所有的条件桩和动作桩。

(3) 填入条件项。可从最后一行条件项开始，按二进制数方式逐行填满，1 表示“Y”，0 表示“N”。

(4) 填入动作项，制定初始决策表。

(5) 基于相同的动作合并相似规则，进行决策表的简化。

对于有 n 个条件的决策表，相应地就有 2^n 个规则，当 n 较大时，决策表很烦琐。实际使用决策表时，常常将其简化。

若表中有两条以上规则具有相同动作，并且在条件项之间存在极为相似的关系，就可以对这样的规则进行合并实现简化。决策表简化的前提：有两条及以上规则具有相同动作，只有某项条件取值不同，且无论此条件取何值时，都执行同样的动作。

合并后的条件项用符号“—”表示，说明执行的动作与该条件的取值无关，称为无关条件。

例如：在图 4-5(a)中，两规则动作项一样都是 X，条件项类似，在条件项 1、2 分别取 Y、N 时，无论条件 3 取何值，都执行同一操作 X，即要执行的动作与条件 3 无关。于是可对第 3 个条件进行合并。“—”表示与取值无关。

与图 4-5(a)类似，在图 4-5(b)中，无关条件项“—”可包含其他条件项取值，具有相同动作的规则可合并，则两条规则可进一步合并。

条件与动作项		规则1	规则2		
条件项	条件 1	Y	Y		Y
	条件 2	N	N		N
	条件 3	Y	N	→	—
动作项	动作 1	X	X		X
	动作 2	—	—		—

(a) 示例1

条件与动作项		规则1	规则2		
条件项	条件 1	Y	Y		Y
	条件 2	—	N		—
	条件 3	N	N	→	N
动作项	动作 1	—	—		—
	动作 2	X	X		X

(b) 示例2

图 4-5 决策表合并示例

4.3.4 决策表法设计测试用例

【例 4-7】 对下面的软件规格说明,用决策表法设计测试用例。

> 素质培养
>
> 在实际的软件测试中,不必纠结在某一种方法上,要多种方法灵活应用,因事而异,不教条,不固执。

软件规格说明如下。

(1) 当条件 1 和条件 2 满足,且条件 3 和 4 不满足,或者当条件 1、3、4 满足时,执行操作 1。

(2) 在任何条件都不满足时,执行操作 2。

(3) 当条件 1 不满足,而条件 4 满足时,执行操作 3。

理论上,本软件规格说明中存在 4 个条件,应当有 $2^4=16$ 条规则。但根据软件规格说明可直接写出一个 4 条规则的决策表,如表 4-16 所示。然而,当不能满足指定条件并执行特别说明的 3 种操作时,也应该执行 1 个默认操作。为此,表 4-16 给出了 4 条执行 1 个默认操作的规则,其他规则已被简化掉。当指定使用决策表法设计测试用例时,必须列出这些默许规则。

表 4-16 根据软件规格说明设计的决策表

规则	规则 1	规则 2	规则 3	规则 4	规则 5	规则 6	规则 7	规则 8
条件 1	Y	Y	N	N	—	N	Y	Y
条件 2	Y	—	N	—	—	Y	Y	N
条件 3	N	Y	N	—	Y	N	N	N
条件 4	N	Y	N	Y	N	N	Y	N
操作 1	√	√	—	—	—	—	—	—
操作 2	—	—	√	—	—	—	—	—
操作 3	—	—	—	√	—	—	—	—
默许操作	—	—	—	—	√	√	√	√

【例 4-8】 请建立下列需求的决策表,并制作简化(合并规则)后的决策表。

软件模块的需求规格说明书中描述:"……对功率大于 50 马力的机器、维修记录不全,或已运行 10 年以上的机器,应予以优先维修处理……"。假定"维修记录不全"和"优先维修处理"有严格定义。

(1) 分析题意可知,共有 3 个条件,分别为功率大于 50 马力、维修记录不全、已经运行 10 年以上;动作有两个,分别是优先维修处理和不优先维修处理。

(2) 根据决策表法,制作如表 4-17 所示的初始决策表。

表 4-17 维修问题的决策表(初始)

规则		1	2	3	4	5	6	7	8
条件	C_1 功率大于 50 马力	1	1	1	1	0	0	0	0
	C_2 维修记录不全	1	1	0	0	1	1	0	0
	C_3 已经运行 10 年以上	1	0	1	0	1	0	1	0

续表

规则		1	2	3	4	5	6	7	8
动作	e₁ 优先维修处理	√	√	√	—	√	—	√	—
	e₂ 不优先维修处理	—	—	—	√	—	√	—	√

（3）简化决策表为表 4-18。

表 4-18　维修问题的决策表（简化后）

规则		1	2	3	4	5
条件	C_1 功率大于 50 马力	1	1	1	0	0
	C_2 维修记录不全	1	0	0	—	—
	C_3 已经运行 10 年以上	—	1	0	1	0
动作	e_1 优先维修处理	√	√		√	—
	e_2 不优先维修处理	—	—	√	—	√

当决策表规模较大时，可以通过扩展条目决策表的方式，对条件使用等价类来简化决策表，或将大表分解为几个小表。

【例 4-9】　对 NextDate 函数，用决策表法设计测试用例。

NextDate 函数有 3 个输入变量 month、day、year（month、day 和 year 均为整数值，并且满足 1≤month≤12 和 1≤day≤31），分别作为输入日期的月份、日期和年份，通过程序可以输出该输入日期在日历上后一天的日期。例如，输入 2004 年 11 月 30 日，则程序输出为 2004 年 12 月 1 日。

使用决策表法设计测试用例。

【分析】　该问题需要考虑输入域的复杂性，并确定闰年规则，以及增加"额外天"。为了获得下一个日期，NextDate 函数在不同条件下执行如下操作。

（1）如果输入日期不是当月最后一天，则 day 变量的值加 1。

（2）如果输入日期是 1—11 月中某月的最后一天，则 day 变量值复位为 1，month 变量值加 1。

（3）如果输入日期是 12 月的最后一天，则 day 变量和 month 变量值都复位为 1，year 变量值加 1。

列出 NextDate 函数的动作桩：a_1，不可能；a_2，day 加 1；a_3，day 复位；a_4，month 加 1；a_5，month 复位；a_6，year 加 1。

需要根据输入的当前日期判断 NextDate 函数执行的操作。

（1）如果是有 31 天的月份（1,3,5,7,8,10,12），day 变量最后一天的值为 31。

（2）如果是有 30 天的月份（4,6,9,11），day 变量最后一天的值为 30。

（3）如果是有 29 天的月份（闰年的 2 月），day 变量最后一天的值为 29。

（4）如果是有 28 天的月份（非闰年的 2 月），day 变量最后一天的值为 28。

通过以上分析可知，该函数条件较多，如果直接构建决策表，表的规则过多。为此，考虑使用等价类法先对条件进行分类处理。

【测试用例设计】

（1）分析各种输入情况，列出输入变量 month、day、year 划分的有效等价类。

（2）分析程序规格说明，结合等价类划分，给出可能采取的操作(列出所有动作桩)。

（3）根据（1）和（2），画出简化后的决策表。

问题具体求解如下。

（1）分析等价类。

① month 变量的有效等价类。

M_1：{month＝4,6,9,11}　　　　　　M_2：{month＝1,3,5,7,8,10}

M_3：{month＝12}　　　　　　　　　M_4：{month＝2}

② day 变量的有效等价类。

D_1：{1≤day≤26}　　　D_2：{day＝27}　　　D_3：{day＝28}

D_4：{day＝29}　　　　D_5：{day＝30}　　　D_6：{day＝31}

③ year 变量的有效等价类。

Y_1：{year 是闰年}　　　Y_2：{year 不是闰年}

④ 考虑各种有效输入情况，程序中可能采取的操作有以下 6 种。

a_1：不可能　　　　　a_2：day ＋1　　　　　a_3：day＝1 的复位

a_4：month＋1　　　　a_5：month 复位；　　　a_6：year 加 1

（2）根据以上分类，以及决策表的构建方法，NextDate 函数的决策表如表 4-19 所示。

表 4-19　基于分类的 NextDate 函数的决策表

规　则	1～3	4	5	6～9	10	11～14	15	16	17	18	19	20	21～22
C_1 月份在	M_1	M_1	M_1	M_2	M_2	M_3	M_3	M_4	M_4	M_4	M_4	M_4	M_4
C_2 月份在	D_1	—	—	D_1	—	D_1	D_5	D_1	D_2	D_2	D_3	D_3	D_4
	D_2	D_4	D_5	D_2	D_5	D_2	—	—	—	—	—	—	D_5
	D_3	—	—	D_3	—	D_3	—	—	—	—	—	—	—
	—	—	—	D_4	—	D_4	—	—	—	—	—	—	—
C_3 年份在	—	—	—	—	—	—	—	—	Y_1	Y_2	Y_1	Y_2	—
a_1：不可能	—	—	√	—	—	—	—	—	—	—	—	√	√
a_2：日期＋1	√	—	—	√	—	√	—	√	√	—	—	—	—
a_3：日复位	—	√	—	—	√	—	√	—	—	√	√	—	—
a_4：月份＋1	—	√	—	—	√	—	—	—	—	√	√	—	—
a_5：月复位	—	—	—	—	—	—	√	—	—	—	—	—	—
a_6：年份＋1	—	—	—	—	—	—	√	—	—	—	—	—	—

据此，设计测试用例如表 4-20 所示。

表 4-20　NextDate 函数的决策表设计的测试用例

测试用例编号	Month	day	year	预期输出
Test1～3	6	16	2001	17/6/2001
Test4	6	30	2004	1/7/2004

测试用例编号	Month	day	year	预期输出
Test5	6	31	2001	不可能
Test6~9	1	16	2004	17/1/2004
Test10	1	31	2001	1/2/2001
Test11~14	12	16	2004	17/12/2004
Test15	12	31	2001	1/1/2002
Test16	2	16	2004	17/2/2004
Test17	2	28	2004	29/2/2004
Test18	2	28	2001	1/3/2001
Test19	2	29	2004	1/3/2004
Test20	2	29	2001	不可能
Test21~22	2	30	2004	不可能

4.3.5 决策表法的特点

决策表法适用于具有以下特征的应用程序。

(1) 规格说明以判定表形式给出,或很容易转换成判定表。

(2) 条件的排列顺序不会也不影响执行哪些操作。

(3) 规则的排列顺序不会也不影响执行哪些操作。

(4) 如果某一规则得到满足,要执行多个操作,这些操作的执行顺序无关紧要。

决策表的优势在于,能把复杂的问题按各种可能的情况一一列举出来,简明且易理解,也可避免遗漏。由于考虑了数据的逻辑依赖关系,所以据此设计的测试用例可以是完备的。不过,判定表不能表达重复执行的动作,如循环结构等,并且当条件较多时,相应的规则也多,采用决策表法设计测试用例的工作量会很大。

一些软件的功能需求可使用决策表法表达得非常清楚,所以在检验程序功能时,决策表也是一个不错的工具。在设计和编辑程序时,也可以使用决策表法来防止多个逻辑条件的组合遗漏。

4.4 因 果 图

黑盒测试——
因果图

等价类划分法和边界值分析法都是着重考虑输入条件,但对于输入条件之间的联系则讨论不多。如果在测试时必须考虑输入条件的各种组合,就可能产生很多新情况。例如,在 QQ 登录的页面测试中,不仅需要考虑用户名和密码的输入边界条件,还需要检查用户名正确而密码不正确等的多条件组合情况。

检查输入条件的组合不是一件容易的事情。即使把所有输入条件划分成等价类,它们之间的组合情况往往也是非常多的,而且条件间还可能存在各种约束关系。必须考虑使用一种适于描述"对于多种条件的组合,相应产生多个动作,并考虑约束关系"的方法来设计测试用例。因果图正是这样的工具。

因果图(cause-and-effect diagram)也称为 Ishikawa 图或鱼骨图,是一种可视化工具,用于分析问题的根本原因和影响,以便采取适当的行动来解决问题。

因果图法的基本原理是将问题本身视为"效果",使用图形可视化将问题的根本原因呈现为各种因素、工具、策略和资源等的"原因"。由于图形的形状像一根鱼骨,因此该方法有时被称为"鱼骨图"。

对于测试用例设计,因果图法从程序规格说明书的描述中找出因(输入条件)和果(输出结果或程序状态的改变)的关系,通过因果图转换为判定表,最后为判定表中的每一列设计测试用例。因果图法的优势在于考虑输入情况的各种组合以及各个输入情况之间的相互制约关系。

4.4.1 因果图法的应用场景

因果图法是一种利用图解法分析输入的各种组合情况,从而设计测试用例的方法,它适合于检查程序输入条件的各种组合情况,尤其是条件间存在复杂约束的情况。在实际工作中,对于较为复杂的问题,因果图法常常十分有效。

4.4.2 因果图元素与约束

因果图使用简单的逻辑符号呈现关系。以直线段连接两个节点,左侧的节点表示输入状态(即原因),右侧的节点表示输出状态(即结果)。通常,因果图中用 C_i 表示原因,用 E_i 表示结果。各节点可取值"0"或"1"表示状态,"0"表示某状态不出现,"1"表示该状态出现。因果图中的基本符号如图 4-6 所示。

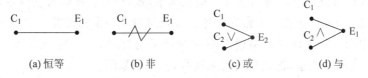

图 4-6 因果图中的基本符号

因果图中的 4 种基本关系如下。

(1) 恒等。若 C_1 为 1,则 E_1 也为 1,否则 E_1 为 0。也就是:若原因出现,则结果出现;若原因不出现,则结果也不出现。

(2) 非(~)。若 C_1 为 1,则 E_1 为 0,否则 E_1 为 1。也就是:若原因出现,则结果不出现;若原因不出现,则结果出现。

(3) 或(∨)。若 C_1 或 C_2 或 C_3 为 1,则 E_1 为 1,否则 E_1 为 0。若几个原因中有一个出现,则结果出现;若几个原因都不出现,则结果不出现。

(4) 与(∧)。若 C_1 和 C_2 都为 1,则 E_1 为 1,否则 E_1 为 0。也就是:若几个原因都出现,结果才出现;若其中有一个原因不出现,则结果不出现。

在实际问题中,输入状态相互之间、输出状态相互之间可能存在某些依赖关系,称为
"约束"。对于输入条件有 E、I、O、R 共 4 种约束,对于输出条件只有 M 约束。因果图的约
束符号如图 4-7 所示。

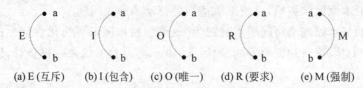

(a)E(互斥)   (b)I(包含)   (c)O(唯一)   (d)R(要求)   (e)M(强制)

图 4-7　因果图的约束符号

(1) E(exclusive,互斥)约束:a 和 b 中最多有一个可能为 1,即 a 和 b 不能同时为 1。
表示两个原因不会同时成立,两个中最多有一个可能成立。

(2) I(inclusive,包含)约束:a、b、c 中至少有一个必须为 1,即 a、b、c 不能同时为 0。表
示 3 个原因中至少有一个必须成立。

(3) O(only one,唯一)约束:a 和 b 必须有一个且仅有一个为 1。表示两个原因中必须
有一个且仅有一个成立。

(4) R(request,要求)约束:当 a 为 1 时,b 必须为 1,即 a 为 1 时,b 不能为 0。表示两
个原因,a 出现时,b 也必须出现。对输出(结果)只有一种约束。

(5) M(mandatory,强制)约束:对于两个结果 a 和 b,当结果 a 为 1 时,结果 b 强制为
0,而当 a 为 0 时,b 值不定。

4.4.3　因果图法设计测试用例的步骤

因果图法要先生成判定表,借由判定表来生成测试用例。因果图法生成测试用例的基
本步骤如下。

(1) 确定原因及结果项。分析软件规格说明书,找出原因(即输入条件或输入条件的等
价类),找出结果(即输出条件),并给每个原因和结果赋予一个标识符。

(2) 画因果图。分析软件规格说明书中的语义,找出原因与结果之间、原因与原因之
间、结果与结果之间的关系,根据这些关系连线,画出因果图。

(3) 注明约束关系。根据软件规格说明书中的语义,在恰当的位置为关系连线并注明
约束关系。因语法或环境限制,有些原因与原因之间、原因与结果之间的组合情况不可能
出现。为表明这些特殊情况,在因果图上用一些记号表明约束或限制条件。

(4) 将因果图转换为决策表。

(5) 依据决策表中的每一列规则,设计测试用例。

4.4.4　因果图与决策表法设计测试用例

【例 4-10】　分析下面的软件规格说明,用因果图法设计测试用例。

在软件规格说明中,对于某项输入要求:第 1 列字符必须是 A 或 B,第 2 列字符必须是

一个数字,此时进行文件的修改;如果第 1 列字符不正确,则给出信息 L;如果第 2 列字符不是数字,则给出信息 M。

素质培养

因果图用于分析关系,决策表作为因果图设计测试用例的工具。在实际的软件测试中,不必纠结在某一种方法上,要多种方法灵活应用。

参考设计方案如下。

(1) 画出因果图。根据软件规格说明,确定原因和结果,绘制因果图。

原因:
① 第 1 列字符是 A;
② 第 1 列字符是 B;
③ 第 2 列字符是数字。

结果:
㉑ 修改文件;
㉒ 给出信息 L;
㉓ 给出信息 M。

将原因和结果用上述的逻辑符号连接起来,画成因果图如图 4-8 所示。

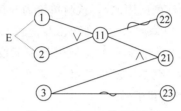

图 4-8　例 4-10 的因果图

图中左侧表示原因,右侧表示结果,编号为 ⑪ 的中间节点是导出结果的进一步原因。考虑原因 ① 和原因 ② 不可能同时为 1(即第 1 列字符不可能同时是 A 和 B),在因果图上对其施加 E 约束。

(2) 根据因果图建立的决策表如表 4-21 所示。

表 4-21　根据因果图建立的决策表

规　　则		1	2	3	4	5	6	7	8
条件(原因)	①	1	1	1	1	0	0	0	0
	②	1	1	0	0	1	1	0	0
	③	1	0	1	0	1	0	1	0
	⑪			1	1	1	1	0	0
动作(结果)	㉒			0	0	0	0	1	1
	㉑			1	0	1	0	0	0
	㉓			0	1	0	1	0	1

由于原因 ① 和原因 ② 不可能同时为 1(第 1 个字符不可能同时为 A 和 B),所以规则 1 和规则 2 是不可能的。据此,进一步根据表 4-21 设计的测试用例如表 4-22 所示。

表 4-22　根据因果图(经决策表)设计的测试用例

测试用例编号	输入数据	预期输出
1	A_3	修改文件
2	AM	给出信息 M

续表

测试用例编号	输入数据	预期输出
3	B_5	修改文件
4	BN	给出信息 M
5	C_2	给出信息 L
6	DY	给出信息 N 和信息 M

对于较复杂的问题,因果图法帮助检查输入条件的组合,能够据此设计出非冗余、高效的测试用例。当然,如果在开发项目的设计阶段就直接采用了决策表,就没必要再画因果图了,此时可直接利用设计说明书中的决策表设计测试用例。

【例 4-11】 对下面的软件规格说明,用因果图法设计测试用例。

为投币饮料自动售货机设计测试用例(各饮料单价为 5 角)。其规格说明如下:若投入 5 角或 1 元硬币,按下"橙汁"或"啤酒"按钮,则送出相应饮料;若售货机没有零钱找,则一个显示"零钱找完"的红灯亮,这时在投入 1 元硬币并按下按钮后,不送出饮料,并退出来 1 元硬币;若有零钱找,则显示"零钱找完"的红灯灭,送出饮料,同时找回 5 角硬币。

(1)分析规格说明,列出原因和结果。

原因:
① 售货机有零钱找;
② 投入 1 元硬币;
③ 投入 5 角硬币;
④ 按下"橙汁"按钮;
⑤ 按下"啤酒"按钮。

结果:
㉑ 售货机"零钱找完"红灯亮;
㉒ 退还 1 元硬币;
㉓ 退还 5 角硬币;
㉔ 送出橙汁饮料;
㉕ 送出啤酒饮料。

(2)画因果图,如图 4-9 所示。所有原因节点列在左边,所有结果节点列在右边,并建立中间节点,表示处理的中间状态。中间节点为
⑪ 投入 1 元硬币且按下"饮料"按钮;
⑫ 按下"橙汁"或"啤酒"按钮;
⑬ 应当找 5 角零钱并且售货机有零钱找;
⑭ 钱已付清。

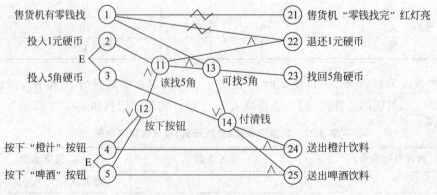

图 4-9 饮料自动售货机因果图

（3）将因果图转换成决策表，如表 4-23 所示。

表 4-23　饮料自动售货机的决策表

规则		1	2	3	4	5	6	7	8	9	10	11	12	13	14	15	16	17	18	19	20	21	22	23	24	25	26	27	28	29	30	31	32
条件	①	1	1	1	1	1	1	1	1	1	1	1	1	1	1	1	1	0	0	0	0	0	0	0	0	0	0	0	0	0	0	0	0
	②	1	1	1	1	1	1	1	1	0	0	0	0	0	0	0	0	1	1	1	1	1	1	1	1	0	0	0	0	0	0	0	0
	③	1	1	1	1	0	0	0	0	1	1	1	1	0	0	0	0	1	1	1	1	0	0	0	0	1	1	1	1	0	0	0	0
	④	1	1	0	0	1	1	0	0	1	1	0	0	1	1	0	0	1	1	0	0	1	1	0	0	1	1	0	0	1	1	0	0
	⑤	1	0	1	0	1	0	1	0	1	0	1	0	1	0	1	0	1	0	1	0	1	0	1	0	1	0	1	0	1	0	1	0
中间结果	⑪						1	1	0		0	0	0		0	0							1	1	0		0	0	0		0	0	
	⑫						1	1	0		1	1	0		1	1							1	1	0		1	1	0		1	1	
	⑬						1	1	0														0	0	0		0	0	0				
	⑭						1	1	0		1	1	1										0	0	0		1	1	1		0	0	
结果	㉑						0	0	0		0	0	0										1	1	1		1	1	1		1	1	1
	㉒						0	0	0														1	1	0		0	0	0				
	㉓						1	1	0														0	0	0		0	0	0				
	㉔						1	0	0														0	0	0								
	㉕						0	1	0														0	0	0		0	1	0		0	0	0
测试用例							Y	Y	Y		Y	Y	Y		Y	Y							Y	Y	Y		Y	Y	Y		Y	Y	

（4）由决策表设计测试用例。在决策表中，阴影部分表示因违反约束条件而不可能出现的情况，因此删掉。第 16 列与第 32 列因没有执行的动作也删掉。最后剩下 16 列可作为确定测试用例的依据。测试用例如表 4-24 所示。

表 4-24　饮料自动售货机的测试用例

序号	输　入　操　作	预期出现的输出结果
1	有零钱找，投入 1 元，按下"橙汁"按钮	灯不亮，找回 5 角，出橙汁
2	有零钱找，投入 1 元，按下"啤酒"按钮	灯不亮，找回 5 角，出啤酒
3	有零钱找，投入 1 元，未按按钮	灯不亮，不找钱，不出饮料
4	有零钱找，投入 5 角，按下"橙汁"按钮	灯不亮，不找钱，出橙汁
5	有零钱找，投入 5 角，按下"啤酒"按钮	灯不亮，不找钱，出啤酒
6	有零钱找，投入 5 角，未按按钮	灯不亮，不找钱，不出饮料
7	有零钱找，未投币，按下"橙汁"按钮	灯不亮，不找钱，不出饮料
8	有零钱找，未投币，按下"啤酒"按钮	灯不亮，不找钱，不出饮料
9	无零钱找，投入 1 元，按下"橙汁"按钮	灯亮，退回 1 元，不出饮料
10	无零钱找，投入 1 元，按下"啤酒"按钮	灯亮，退回 1 元，不出饮料
11	无零钱找，投入 1 元，未按按钮	灯亮，不退钱，不出饮料
12	无零钱找，投入 5 角，按下"橙汁"按钮	灯亮，不退钱，出橙汁
13	无零钱找，投入 5 角，按下"啤酒"按钮	灯亮，不退钱，出啤酒
14	无零钱找，投入 5 角，未按按钮	灯亮，不退钱，不出饮料
15	无零钱找，未投币，按下"橙汁"按钮	灯亮，不退钱，不出饮料
16	无零钱找，未投币，按下"啤酒"按钮	灯亮，不退钱，不出饮料

4.4.5　因果图法的特点

基于因果图法生成的测试用例,考虑了所有输入数据取真与取假的情况,也包含了输入条件的组合及约束情况,测试用例高效且非冗余。其具有如下优点。

(1) 考虑了多个输入条件之间的相互组合、相互制约关系。

(2) 能够帮助用户按一定步骤高效率地生成测试用例。

(3) 因果图法是将自然语言规格说明转换成形式语言规格说明的一种严格的方法,可以指出规格说明中存在的不完整性和二义性。

因果图法强调使用图形来分析被测对象的特点,重点在于"图形分析"。对于逻辑结构比较复杂的测试对象,先用因果图分析,再用判定表来总结因果图,最后写出测试用例,这样比较直观,思路也很清晰。当然,对于比较简单的测试对象,也可以忽略因果图,直接使用决策表。

4.5　场　景　法

基于场景的测试主要关注用户需要做什么,而不是产品能够做什么,即从用户任务中找出用户要做什么,以及如何执行,据此设计测试用例。

4.5.1　场景法的应用场景

现在的软件几乎都是由事件触发来控制流程的,事件触发时的情景便形成了场景。同一事件不同的触发顺序和处理结果形成事件流。

明确需求的使用场景有助于设计有效的测试。在软件需求规格说明中,常有使用场景描述需求的情况。从用户角度,对软件的使用也是基于一个个具体场景。故此,生动地描绘出事件触发时的情景,有利于测试用例的设计,也便于理解和执行。

场景法使用事件触发时的情景来设计测试用例,通过描述流经用例的路径来确定过程,从用例开始到结束遍历其中所有基本流和备选流。

基本流是指流经用例的最简单的最正常路径,中间没有任何不正常情况,程序从开始直接执行到结束。基本流通常采用直黑线表示。

备选流是指可能从基本流开始,之后会在某特定条件下执行特殊情况的路径。备选流可以是在某个特定条件下执行,然后重新加入基本流;也可以起源于另一个备选流;或者终止用例而不再加入基本流中(一般是各种错误情况)。备选流通常采用不同颜色的线条来表示。

如图 4-10 所示,图中测试用例的每条路径都用基本流和备选流来表示,共有 1 个基本流和 4 个备选流。直黑线是基本流,它是最简单的路径。4 个备选流分别用不同颜色表示,备选流 1 和 3 从基本流开始,在某特定条件下执行,然后重新加入基本流中;备选流 2 起源于备选流 1 然后终止;备选流 4 起源于基本流然后终止。

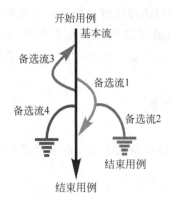

图 4-10 场景法中的基本流和备选流

从基本流开始,再将基本流和备选流结合起来,可以确定以下用例场景。

场景 1:基本流。

场景 2:基本流、备选流 1。

场景 3:基本流、备选流 1、备选流 2。

场景 4:基本流、备选流 3。

场景 5:基本流、备选流 3、备选流 1。

场景 6:基本流、备选流 3、备选流 1、备选流 2。

场景 7:基本流、备选流 4。

场景 8:基本流、备选流 3、备选流 4。

为简化起见,场景 5、6 和 8 只描述了备选流 3 指示的循环执行一次的情况。

4.5.2 场景法设计测试用例的步骤

(1) 根据规格说明,描述出程序的基本流及各项备选流。

(2) 根据基本流和备选流确定场景。

(3) 对每一个场景生成相应的测试用例,可以采用矩阵或决策表来确定和管理测试用例。

(4) 对生成的测试用例进行复审,去掉多余或等价的测试用例,然后确定实际测试用例。

场景法一般采用通用的表格来确定和管理测试用例。表中每一行代表一个测试用例,列代表测试用例的信息,包括测试用例 ID、对应的场景、测试用例中涉及的所有数据元素和预期结果,如表 4-25 所示。

表 4-25 场景法测试用例设计表

测试用例 ID	场景	元素 1	元素 2	元素 3	…	元素 n	预期结果
C_{01}		v	n/a	i	n/a	v	
C_{02}							
C_{03}							
C_{n}							

在设计测试用例时,首先确定执行用例场景所需的数据元素,然后构建矩阵,最后确定包含执行场景所需的适当条件的测试用例。在矩阵中,v(valid)表示有效的数据元素,i(invalid)表示无效的数据元素,n/a(not available)表示不适用或没有。

4.5.3 场景法设计测试用例

【例 4-12】 对于 ATM 系统的取款功能,基于日常的使用经验,使用场景法设计测试用例。

(1) 分析基本流和备选流。

基本流:正常的取款。

备选流:根据使用经验,考虑几种特定情况。①ATM 内没有现金;②ATM 内现金不足;③密码有误(3 次机会);④账户不存在/账户类型有误;⑤账户余额不足。

(2) 分析各种场景。

场景 1:成功提款—基本流,是基本流。

场景 2:ATM 内没有现金—基本流,是备选流。

场景 3:ATM 内现金不足—基本流,是备选流。

场景 4:密码有误(第 1 次错)—基本流,是备选流。

场景 5:密码有误(第 2 次错)—基本流,是备选流。

场景 6:密码有误(第 3 次错)—基本流,是备选流。

场景 7:账户不存在/账户类型有误—基本流,是备选流。

场景 8:账户余额不足—基本流,是备选流。

(3) 基于上述场景,构造测试用例设计矩阵,v 表示有效,i 表示无效,n 表示无关,如表 4-26 所示。

表 4-26 测试用例设计矩阵

编号	场景	密码	账户	输入金额	账面金额	ATM现金	预 期 结 果
1	1	v	v	v	v	v	正常提款
2	2	v	v	v	v	i	提款功能不能用
3	3	v	v	v	v	i	警告重新输入金额
4	4	i	v	n	v	v	警告重新输入密码
5	5	i	v	n	v	v	警告重新输入密码
6	6	i	v	n	v	v	警告没有机会重新输入密码
7	7	n	i	n	i	v	警告账户不能用
8	8	v	v	v	i	v	警告账户余额不足

（4）基于测试用例设计矩阵，设计测试用例实施矩阵，如表 4-27 所示。

表 4-27　测试用例实施矩阵

编号	场景	密码	账户	输入金额	账面金额	ATM 现金	预 期 结 果
1	1	888	80990	100	500	2000	正常提款
2	2	888	80990	100	500	0	提款功能不能用
3	3	888	80990	100	500	50	现金不足，重新输入金额
4	4	999	80990	n	500	2000	警告重新输入密码
5	5	ooo	80990	n	500	2000	警告重新输入密码
6	6	777	80990	n	500	2000	警告没有机会重新输入密码
7	7	888	UuO9	100	500	2000	警告账户不能用
8	8	888	80990	1000	500	2000	警告账户余额不足

4.6　正交试验法*

4.6.1　正交试验法的应用场景

利用因果图和判定表设计测试用例时，作为输入条件的原因和输出结果之间的因果关系，有时很难从软件需求规格说明书中得出，而且即使是一般中小规模的软件，画出的因果图也可能非常庞大，据此因果图得到的测试用例数目可能达到惊人的程度。如何有效合理地减少测试用例数量，减少设计和执行测试用例的人工、机时和费用，又能尽可能地覆盖各种情况，是测试人员需要不断探索的问题。

> 素质培养
> 正交试验法是可用在多个领域的工程化方法。在日常的生活、学习时，需要时刻注意感受知识的相通性，他山之石可以攻玉。其他学科的知识、技能和工具，常常可以用在我们要解决的问题上。

起源于工业界的正交试验设计（orthogonal experimental design）是被广泛使用的实验方法，它能够减少实验次数、提高实验效率并降低成本。可以借用正交实验法设计测试用例。

4.6.2　正交试验法原理

正交试验法是研究多因素、多水平的一种实验设计方法，起源于 20 世纪 50 年代末的日本，是由当时的工业界和学术界联合开发出来的一种试验设计方法。该方法旨在提高试验效率和降低测试成本，被广泛运用于工程实践和科研领域。当测试用例很多时，正交表法可以帮助测试人员选择高效的测试用例。

正交试验法是基于数学模型，利用排列整齐的正交表来对试验进行整体设计、综合比较和统计分析，通过最少的试验次数得到最大的信息量。相当于根据已有的正交表，从大量试验点中挑选适量的具有代表性的点，以安排试验并进行数据分析的方法。

正交试验法通过一系列表格来实现，这些表叫作正交表。正交表是在一整套严谨规则下设计出来的表格,可以在数理统计、实验设计等方面的书及附录中直接查到。

在正交表中,凡欲考察的变量称为因素(变量);因素被考察的值称为水平(变量的取值)。正交表可以用 $L_{行数}(水平数^{因子数})$ 来表示。例如,$L_9(3^4)$ 表示正交表有 9 行 4 列,每一列有 3 种取值,可分别记为 1、2、3,表示需做 9 次试验,最多可观察 4 个因子,每个因子均为 3 水平。一个正交表中各列的水平数是可以不相等的,称为混合型正交表。$L_{18}(3^6 6^1)$ 表示正交表有 18 行,有 7(6+1)列,其中 6 列有 3 种取值,可分别记为 0~2,有一列有 6 种取值,可分别记为 0~5。

$L_9(3^4)$ 对应的正交表如表 4-28 所示。

表 4-28 $L_9(3^4)$ 对应的正交表

试验号	列 号			
	1	**2**	**3**	**4**
1	1	1	1	1
2	1	2	2	2
3	1	3	3	3
4	2	1	2	3
5	2	2	3	1
6	2	3	1	2
7	3	1	3	2
8	3	2	1	3
9	3	3	2	1

可以看出,正交试验法是一种高效率、快速、经济的试验设计方法。例如,做一个 3 因子 3 水平的试验,按全面试验要求,必须进行 $3^3=27$ 种组合的试验。若按照 $L_9(3^4)$ 正交表来安排试验,只需做 9 次,按 $L_{18}(3^7)$ 正交表也仅是进行 18 次实验。对于 6 因子 5 水平的试验,全面试验法需要进行 $5^6=15625$ 次,而按照 $L_{25}(5^6)$ 正交表来安排试验,仅需做 25 次,并且这较少次数(25)的试验能够很大程度地代表全部组合条件次数(15625)下的试验,显然大大减少了工作量。

正交试验法设计思想有严谨的统计学定理作为支撑,能够在因子变化范围内均衡抽样,使每次试验都具有较强的代表性,由于正交表具备均衡分散的特点,保证了全面实验的某些要求,这些试验往往能够较好或更好地达到实验目的。

4.6.3 正交试验法设计测试用例的步骤

正交试验法根据正交性从全面试验中挑选出部分有代表性的点进行试验,从大量的(试验)数据(测试用例)中挑选适量的、有代表性的点(例),从而合理地安排试验(测试)的一种科学试验设计方法。

利用正交试验法设计测试用例,与使用等价类划分、边界值分析、因果图、决策表方法相比,更可控制生成的测试用例的数量,节省测试工时,并且测试用例具有全面的覆盖率。

利用正交试验法设计测试用例的步骤如下。

(1) 根据软件规格说明书,确定因子(factors)及数量。确定有哪些因子(条件),即正交表中列的个数。

(2) 根据软件规格说明书,确定水平(levels)及数量,即每个因子有哪几个水平(条件的取值),以及任何单个因子能够取得的值的最大个数。正交表中包含的水平值为从 0 到"水平数-1"或从 1 到"水平数",对应于被测试条件的取值数量。

(3) 选择适合的正交表。即确定正交表中行的个数,对应于测试用例的数量。

(4) 把测试条件的取值映射到正交表中。

(5) 每一行的各因素水平的组合就是一条测试用例。

(6) 根据经验补充没有在表中出现但可疑的组合。

在使用正交试验法设计试验时,有时试验问题的"因子"和"水平"数与现有的正交表不能直接对应,此时需要选择适合的正交表。正交表的选用原则如下。

(1) 考虑因子(变量)的数量。如果因子数不同,可以采用包含的方法,在正交表公式中找到包含该情况的公式。

(2) 考虑因子水平(变量的取值)的数量。如果水平数不同,采用包含和组合的方法选取合适的正交表公式。

(3) 考虑正交表行数。如果有 n 个符合条件的公式,通常取行数最少的正交表。

4.6.4　正交试验法设计测试用例

【例 4-13】　根据以下规格说明,使用正交试验法设计测试用例。

某游戏拥有社交系统,社交系统中可以输入关键信息(昵称、编号)进行玩家的精准查询,也可以通过玩家等级来查询等级相近的玩家。请使用正交试验法设计测试查询功能的测试用例。

问题分析:由规格说明可知查询输入有 3 种:①玩家昵称;②玩家编号;③玩家等级。假设各项输入只考虑"填写"与"不填写"的情况,则使用正交法设计测试用例。

(1) 根据软件规格说明提取因子及水平。三个因子为玩家昵称、玩家编号、玩家等级。

每个因子有两个水平:①玩家昵称,填写、不填写;②玩家编号,填写、不填写;③玩家等级,填写、不填写。

(2) 确定正交表。由于是 3 因素 2 水平,选用行数最少的正交表 $L_4(2^3)$,如表 4-29 所示。

表 4-29　3 因素与 2 水平的正交表 $L_4(2^3)$

行号	列　号		
	1	2	3
1	0	0	0
2	0	1	1
3	1	0	1
4	1	1	0

（3）变量映射。对因子进行编号对应，对应于正交表中的各列；对水平进行编号对应，对应于正交表内的值。本题中正交表 $L_4(2^3)$ 对应的测试正交表如表 4-30 所示。

① 玩家昵称：0 → 填写、1 → 不填写。

② 玩家编号：0 → 填写、1 → 不填写。

③ 玩家等级：0 → 填写、1 → 不填写。

表 4-30　变量映射后的 3 因子与 2 水平正交表 $L_4(2^3)$

行号	列　号		
	玩家昵称	玩家编号	玩家等级
1	填	填	填
2	填	不填	不填
3	不填	填	不填
4	不填	不填	填

（4）设计测试用例。根据问题映射后的正交表中的每行信息，得出如下具体的测试用例输入数据。

① 填写昵称、填写编号、填写等级。

② 填写昵称、不填写编号、不填写等级。

③ 不填写昵称、填写编号、不填写等级。

④ 不填写昵称、不填写编号、填写等级。

最后，根据异常情况和可能遗漏的内容点，进行测试用例的输入数据补充。

⑤ 不填写昵称、不填写编号、不填写等级。

确定了测试用例的输入数据之后，就可以进一步根据软件规格说明确定其对应的预期输出结果，进而得出完整的测试用例。

4.7　错误猜测法

4.7.1　错误猜测法的含义

错误猜测法是一种凭直觉和经验推测某些可能存在的错误，从而针对这些可能存在的错误设计测试用例的方法。这种方法没有机械的执行步骤，主要依靠直觉和经验。

错误猜测法的基本思想是列举出可能犯的错误或错误易发情况的清单，然后依据清单编写测试用例。在阅读规格说明时联系程序员可能做的假设来确定测试用例，这样做的原因是，需求规格说明书中的一些内容，由于偶然因素或程序员主观认为的"显而易见"，而可能被忽略。

4.7.2　错误猜测法的应用实例

【例 4-14】　测试一个对线性表（如数组）进行排序的程序，用错误推测法生成测试用例。

① 输入表为空表。

② 输入表中只含有一个元素。

③ 输入表中所有元素已排好序。

④ 输入表已按逆序排好。

⑤ 输入表中部分或全部元素相同。

> 素质培养　经验对于软件测试人员至关重要。根据经验设计测试用例,测试人员需要在工作中不断积累,实现累积的职业成长。

【例 4-15】　测试手机终端的通话功能,设计各种通话失败的情况来补充测试用例。

① 无 SIM 卡插入时进行呼出(非紧急呼出)。

② 插入已欠费 SIM 卡进行呼出。

③ 射频器件损坏或无信号区域时,插入有效 SIM 卡呼出。

④ 网络正常,插入有效 SIM 卡,呼出无效号码,如 1、888、333333、不输入任何号码等。

⑤ 网络正常,插入有效 SIM 卡,使用"快速拨号"呼出设置无效号码的数字。

4.8　规范导出法

规范导出法是根据软件规格说明书描述设计测试用例的方法。一条测试用例用来测试一个或多个规格说明中的陈述语句,根据陈述规范所用语句的顺序为被测单元设计测试用例。

例如,计算平方根的函数规格说明。

输入:实数(浮点数)。

输出:实数(浮点数)。

规格:当输入一个 0 或者比 0 大的数时,返回其正的平方根;当输入一个小于 0 的数时,显示错误信息"平方根非法:输入值小于 0",并返回 0;库函数 Print_Line 用于输出错误信息。

分析此规格说明,里面有 3 句陈述,分别如下。

(1) 当输入一个 0 或比 0 大的数时,返回其正的平方根。

(2) 当输入一个小于 0 的数时,显示错误信息"平方根非法:输入值小于 0",并返回 0。

(3) 库函数 Print_Line 用来输出错误信息。

可以用两条测试用例覆盖这 3 句陈述。

测试用例 1:输入 4,输出 2。对应第一句陈述。

测试用例 2:输入 −1,输出 0。对应第二、第三句陈述。

规格说明在测试用例和规格说明陈述之间做到了很好的对应,并能够加强规格说明的可读性和可维护性。

规范导出法是一种正向测试用例设计技术,在使用时,需要再使用逆向测试技术对测试用例进行补充,以达到更充分的测试。

4.9　蜕 变 测 试 *

理论上,对于测试用例,一定要有程序运行所需要的具体输入数据和操作,以及程序运行的预期结果。没有预期结果,就无法说明程序实际运行结果是否正确。通常情况下,程序的预期结果可根据软件规格说明书分析获取。但在实际测试工作中,由于程序的复杂性,可能难以分析确定程序的预期结果。即使能够根据软件规格说明书和经验分析出预期结果,也是需要工作量的,对于面向覆盖的各种路径测试,这一工作量可能非常大,甚至难以实现。

对于程序的执行结果不能预知的现象,在测试理论中称为"Oracle 问题",即预期结果不知道。比如,对 sin(x) 函数进行测试时,我们就不知道 sin27°的预期结果,也就无法验证当 x=27°时程序执行的正确性。

Oracle 问题是软件测试中最困难的任务,它使得测试人员只能选择一些可以预知结果的特殊测试用例进行测试,而不能完整有效地进行测试。

蜕变测试通过验证输入与输出之间期望遵循的蜕变关系来决定测试是否通过,能够较好地解决软件测试中存在的"Oracle 问题"。这里介绍蜕变测试的概念、特点和蜕变关系的基础知识,并以实例说明采用蜕变测试设计测试用例的过程。

4.9.1　蜕变测试基础

针对测试过程中的 Oracle 问题,澳大利亚墨尔本大学的 T. Y. Chen 教授于 1998 年提出了蜕变测试(metamorphic testing,MT)方法。蜕变测试依据被测软件的领域知识和软件的实现方法建立蜕变关系(metamorphic relation,MR),利用蜕变关系生成新的测试用例,通过验证蜕变关系是否被保持来决定测试是否通过。蜕变关系是指多次执行目标程序时,输入与输出之间期望遵循的关系。例如,sin(x) 函数有个重要性质:对于输入变量 x_1 和 x_2,如果满足 $x_1+x_2=\pi$,那么 $sin(x_1)=sin(x_2)$,这个性质就可以作为蜕变测试时的蜕变关系,测试时让 $x_1+x_2=\pi$,并不需要知道 $sin(x_1)$ 和 $sin(x_2)$ 确切的输出值应该是多少,只需要比较 $sin(x_1)$ 和 $sin(x_2)$ 是否相等即可。由于蜕变测试也不关注程序内的代码,因此可以将其看作一种特殊的黑盒测试方法。

蜕变测试通过检验多次执行时测试结果是否遵循蜕变关系来判定测试是否通过。由于对预期的输出结果不做手工计算,也不用将执行结果和期望结果作对比,所以具有更高的效率,也能充分实现自动化。

蜕变测试可以基于蜕变关系,根据旧的测试用例构建新的后续测试用例,其目标是发现先前测试用例不能发现的特殊错误。一般来说,旧的测试用例是根据传统测试策略产生的,比如随机测试策略或者特殊值测试策略。例如,对于程序 P 和测试用例 x,相应输出表示为 P(x)。蜕变测试的目标是基于输入-输出对(x,(P(x))来构建一系列新的测试用例 $x_1,x_2,\cdots,x_n$,这些新测试用例的设计是用来查找测试用例 x 不能发现的错误的。

对于上面 sin(x) 函数的例子,旧的测试用例是 x_1;蜕变测试找到的蜕变关系是:对于

输入变量 x_1 和 x_2，如果满足 $x_1+x_2=\pi$，那么 $\sin(x_1)=\sin(x_2)$；依据蜕变关系可以得到新的后续测试用例 x_2，有 $x_2=\pi-x_1$。

蜕变测试依据蜕变关系生成更多的后续测试用例，使程序可以得到进一步验证。蜕变关系并不局限于恒等关系，多次执行程序时，输入与输出之间的任何期望关系都可被用作蜕变关系。例如，对于偏微分方程，其收敛属性可作为蜕变关系。

4.9.2 蜕变测试实例

【例 4-16】 对 $\sin(x)$ 函数做测试。

$\sin(x)$ 函数测试中存在 Oracel 问题，如无法直接知道 $\sin(43°)$ 的预期结果。因此，选用蜕变测试方法，并结合特殊值测试方法进行测试。

(1) 利用特殊值测试方法选择 0、$\pi/6$、$\pi/4$、$\pi/3$ 和 $\pi/2$ 这 5 个特殊值进行测试。选择理由是这些特殊值的期望结果可以预先确定，能够验证测试用例执行后的输出结果是否正确。

(2) 根据 $\sin(x)$ 函数的特性确定蜕变关系，可以确定 6 个蜕变关系。

R_1: $\sin(x)=\sin(x+2\pi)$。

R_2: $\sin(x)=\sin(x+\pi)$。

R_3: $-\sin(-x)=\sin(x)$。

R_4: $\sin(x)=\sin(\pi-x)$。

R_5: $\sin(x)=\sin(2\pi-x)$。

R_6: $\sin^2(x)+\sin^2(\pi/2-x)=1$。

(3) 对于无法确定期望结果的随机值 x，利用蜕变关系生成蜕变测试用例。构建的蜕变测试用例如表 4-31 所示。

表 4-31 $\sin(x)$ 函数基于蜕变测试设计的测试用例

用例编号	输入数据	预期结果	R_1	R_2	R_3	R_4	R_5	R_6
1	0	0	T/F	T/F	T/F	T/F	T/F	T/F
2	$\pi/6$	1/2	T/F	T/F	T/F	T/F	T/F	T/F
3	$\pi/4$	$\sqrt{2}/2$	T/F	T/F	T/F	T/F	T/F	T/F
4	$\pi/3$	$\sqrt{3}/2$	T/F	T/F	T/F	T/F	T/F	T/F
5	$\pi/2$	1	T/F	T/F	T/F	T/F	T/F	T/F
6	23°		T/F	T/F	T/F	T/F	T/F	T/F
7	64°		T/F	T/F	T/F	T/F	T/F	T/F
8	105°		T/F	T/F	T/F	T/F	T/F	T/F
9	278°		T/F	T/F	T/F	T/F	T/F	T/F

这里，有特殊测试用例，也有随机测试用例。对于每一个测试用例，都要验证蜕变关系 $R_1\sim R_6$ 是否保持，结果为 T，则表示保持了蜕变关系；若为 F，则表示违背了蜕变关系，此时就出现了软件缺陷。

在测试过程中，蜕变测试方法和其他测试方法结合使用，将能很好地解决 Oracle 问题，如蜕变测试与特殊值测试方法相结合等。需要注意,蜕变测试方法实施时依据的蜕变关系是程序功能的必要属性,但是其对程序正确性的验证并不具有充分性。这也是所有测试方法共有的一个局限性。

4.10 小　　结

本章介绍黑盒测试方法,包括等价类划分法、边界值分析法、决策表法、因果图法、错误猜测法和场景法,并补充了正交试验法和蜕变测试。其中,正交试验法能够使用少量测试用例做到全面覆盖;蜕变测试能够解决 Oracle 问题。在实际应用中,需要多种方法灵活运用。

> **素质培养**
> 无论是软件测试,还是其他工作,在日常生活中要培养大局意识。从整体、全局出发对事态进行综合考量和谋划,认清大局、服务大局、贡献大局。

软件测试工作的各种方法都是围绕发现软件缺陷、保障软件质量开展的,没有任何一种方法可以独自找到所有的软件缺陷,测试人员需要从全局考虑测试方法和策略,各种测试方法相互补充,以期在尽可能短的时间内发现尽可能多的软件缺陷。

确定测试方法时应遵守以下原则。

(1) 根据问题的重要性和一旦发生故障将造成的损失来确定测试等级和测试重点。

(2) 面向具体问题确定测试策略,以便能用尽可能少的测试用例,发现尽可能多的软件缺陷。

在选择测试方法时,可遵循以下思路。

(1) 在任何情况下都必须使用边界值分析法。经验表明,用这种方法设计的测试用例发现程序错误的能力最强。

(2) 必要时用等价类划分法补充一些测试用例。

(3) 用错误猜测法再追加一些测试用例。

(4) 对照程序逻辑,检查已设计出的测试用例的逻辑覆盖程度,如果没有达到要求的覆盖标准,应当再补充足够的测试用例。

(5) 如果程序功能说明中含有输入条件的组合情况,则一开始就可选用因果图法。

(6) 对于参数配置类软件,正交试验法选择较少的组合表达方式可达到最佳效果。

(7) 对于业务流程清晰的系统,利用场景法贯穿整个测试过程。

4.11 习　　题

1. 选择题

(1) (　　)法根据输出对输入的依赖关系设计测试用例。

    A. 路径测试　　　B. 等价类划分　　　C. 因果图　　　　D. 边界值分析

(2) 等价类划分完成后,得出(　　),它是确定测试用例的基础。

    A. 有效等价类　　B. 无效等价类　　　C. 等价类表　　　D. 测试用例集

(3) 在黑盒测试中,检查输入条件组合的测试用例设计方法是(　　)和(　　)。

  A. 等价类划分法   B. 边界值分析法

  C. 决策表法   D. 因果图法

(4) 在设计测试用例时,(　　)是用得最多的一种黑盒测试方法。

  A. 等价类划分法   B. 边界值分析法

  C. 因果图法   D. 功能图法

(5) 假定 X 为整型变量,X≥5 并且 X<10,用健壮边界值分析法,X 在测试中应该取(　　)值。

  A. 5,10   B. 4,5,6,8,9,10

  C. 4,5,6,9,10,11   D. 4,5,10,11

2. 问答题

(1) 黑盒测试中,常用的测试用例设计方法有哪些?

(2) 黑盒测试用例设计方法的策略是什么?

3. 设计题

(1) 某软件的用户名输入框,要求为:"用户名由字母开头,后跟字母或数字的任意组合,有效字符数不超过 8 个"。要求使用健壮的等价类划分法设计测试用例。

(2) 有函数 f(x,y,z),其中 x∈[1900,2100],y∈[1,12],z∈[1,31]。请写出该函数采用边界值分析法设计的测试用例,以及采用健壮边界值分析法的测试用例。

(3) 给定软件规格说明如下:页面电子邮件输入框中,必须输入有效的 E-mail 格式地址。其规则必须满足几个条件:含有@符号;@符号后面的格式为×.×;E-mail 地址不带有特殊符号"、♯、'、&。请用错误推测法生成测试用例。

(4) 用场景法为以下题目设计测试用例。

有一个处理单价为 5 角的饮料自动售货机,相应规格说明如下。

① 若投入 5 角或 1 元的硬币,按下"橙汁"或"啤酒"按钮,则送出相应的饮料。(假设每次只投入一枚硬币,只按下一种饮料的按钮)

② 如投入 5 角的硬币,按下按钮后,总有饮料送出。

③ 若售货机没有零钱找,则"零钱找完"的红灯亮,这时再投入 1 元硬币并按下按钮后,饮料不送出,而且将 1 元硬币退出来。

④ 若有零钱找,则"零钱找完"的红灯不亮,这时投入 1 元硬币及按饮料按钮,则在送出饮料的同时找回 5 角硬币。

第5章 白盒测试

　　白盒测试是软件测试技术中最基本的方法之一,在各类测试实践中有广泛应用。白盒测试关心软件的内部设计和程序实现,把测试对象看作一个透明的盒子,又称玻璃盒测试。它允许测试人员利用程序内部的逻辑结构及有关信息,设计或选择测试用例,对程序所有逻辑路径进行测试。通过在不同点检查程序的状态,确定实际的状态是否与预期的状态一致。

　　白盒测试的主要测试依据是程序设计文档和程序代码,主要分为控制流测试和数据流测试,其中较常用到的是控制流测试中的相关覆盖准则。

　　为达到测试目的,采用白盒测试方法必须遵循以下原则。

　　(1) 保证一个模块中的所有独立路径至少被测试一次。

　　(2) 所有逻辑值均需测试真(true)和假(false)两种情况。

　　(3) 检查程序的内部数据结构,保证其结构的有效性。

　　(4) 在上下边界及可操作范围内运行所有循环。

　　本章介绍白盒测试的基本概念和工具,并对典型的白盒测试方法进行讲解,介绍如何使用白盒测试方法设计测试用例,例如逻辑覆盖方法和路径测试方法。通过本章的学习,将能够对白盒测试有深入的理解和体会。要求重点掌握控制流图、圈复杂度等白盒测试工具,为设计自动化测试工具打下基础;并且能够基于不同覆盖准则设计测试用例。

5.1　白盒测试法相关基本概念

　　为清晰描述白盒测试方法,需要对有关白盒测试的基本概念进行说明,包括控制流图、路径、独立路径、环形复杂度和图矩阵等。其中,控制流图、圈复杂度和图矩阵是经典的白盒测试工具,是设计自动化测试工具的基础。

5.1.1　控制流图

　　控制流图是白盒测试中常用的工具,用于可视化程序的控制结构。控制流图由一系列基本块和它们之间的连接构成。控制流图中的块按照程序

白盒测试基础

中执行的顺序进行排列,并且除了函数调用和返回外,在程序控制流上只有单个入口和单个出口。这意味着,每当程序控制转移到新的块时,只能从前一个块的结尾到达当前块的开头。

控制流图(简称流图)是对程序流程图进行简化后得到的,可以更加突出地表示程序控制流的结构。控制流图中包括两种图形符号:节点和控制流线。

节点由带标号的圆圈表示,代表了程序流程图中矩形框的内容,可代表一条或多条语句、一个处理框序列或一个条件判定框(假设不包含复合条件),通常用数字表示。此外,节点还需要表示程序流程图中菱形表示的两个或多个出口判断,以及两条到多条流线相交的汇合点。

控制流线由带箭头的弧或线表示,可称为边,代表程序中的控制流,通常用字母标示。

常见语句的控制流图如图 5-1 所示。

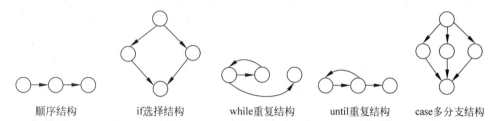

顺序结构   if选择结构   while重复结构   until重复结构   case多分支结构

图 5-1 常见语句的控制流图

图 5-2 所示为典型的程序流程图转换为控制流图的结果。

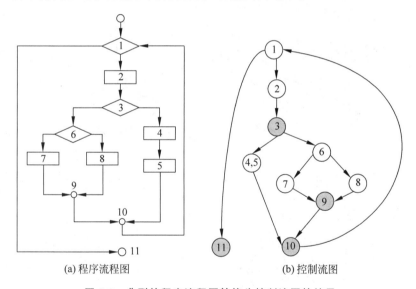

(a)程序流程图   (b)控制流图

图 5-2 典型的程序流程图转换为控制流图的结果

在将程序流程图转换成控制流图时,需要注意以下几点。

(1)在选择或多分支结构中,分支的汇聚处应添加一个汇聚节点。

(2)边和节点圈定的区域叫作区域,当对区域计数时,图形外的区域也应记为一个区域。

(3)对于复合条件,可将其分解为多个单个条件,再映射成控制流图。例如,如果判断中的条件表达式是由一个或多个逻辑运算符(OR、AND、NAND、NOR)连接的复合条件表达式,则需要改为一系列只有单条件的嵌套的判断。

（4）包含条件的节点被称为判断节点（谓词节点），由判断节点发出的边必须终止于某个节点。

图 5-3 所示为对复合条件拆分后的控制流图。

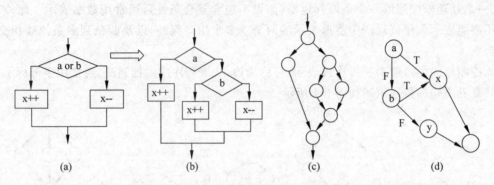

图 5-3 对复合条件拆分后的控制流图

除了程序流程图可以转换成控制流图外，伪代码表示的处理过程也可以转换成控制流图。图 5-4 所示为三角形判定程序伪代码实现过程转换成的控制流图。需要注意，对于变量和类型说明等这类不执行的语句，不能把它映射成节点。

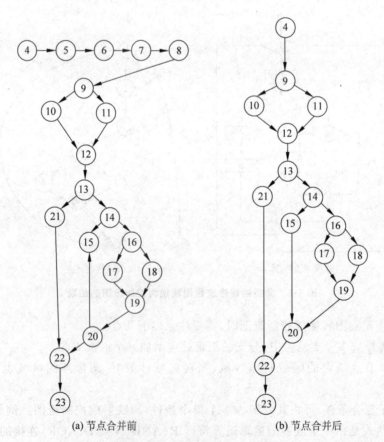

图 5-4 三角形判定程序伪代码实现过程转换成的控制流图（节点合并前及节点合并后）

三角形判定程序伪代码如下。

```
1    //Program triangle2 version of simple
2    int a,b,c;
3    boolean IsATriangle;
4    cout <<"Enter 3 integers which are sides of a triangle";
5    cin >> a >> b >> c;
6    cout <<"Side A is "<< a;
7    cout <<"Side A is "<< b;
8    cout <<"Side A is "<< C;
9    if ((a<b+ c)&&(b<a+c) & & (c<a+b))
10     IsATriangle= True;
11   else IsATriangle－False;
12     //endif
13   if (IsATrangle)
14     if ((a＝b)&&(b＝c))
15       cout <<"Equilateral";
16     else if ((a!＝b)&& (a!＝ c) &&(b!＝c))
17         cout <<"Scalence";
18         cout <<"Isosecles";(19yi/endIf
19     //endif
21     else cout <<"NOT a Triangle";
22   //endif
23   //end triangle2
```

有时为方便起见,会把一条伪代码语句作为一个节点,或者把几个节点合并成一个节点。当一个节点序列中没有分支时,则可以把这组序列的节点都合并成一个节点。

【例 5-1】 请为图 5-5 中的程序伪代码画出控制流图。

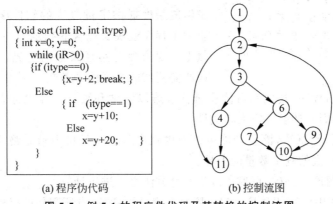

(a) 程序伪代码   (b) 控制流图

图 5-5 例 5-1 的程序伪代码及其转换的控制流图

程序员可以使用专业的代码分析工具将源代码转换为控制流图,以便轻松地浏览和理解程序结构。

5.1.2 路径与路径测试

白盒测试中的路径是指软件代码中的执行路径。路径是从程序段开始到结束之间运行的语句序列。路径可用流程图中表示程序通路的节点序列表示,也可用弧线表示。

【例 5-2】 对于图 5-2,请写出该控制流图对应的路径。

图 5-2 有 4 条路径,用节点序列表示如下。

(1) 1-11。

(2) 1-2-3-4,5-10-1-11。

(3) 1-2-3-6-7-9-10-1-11。

(4) 1-2-3-6-8-9-10-1-11。

在计算机程序中,可以使用控制语句(如条件语句和循环语句)来改变代码执行的路径。每次执行程序时,它都将沿着一条特定的路径执行。这个路径可以被视为程序的"路线图",说明程序如何运行并执行任务。

对于白盒测试来说,理解和验证程序的不同执行路径至关重要,因为这有助于发现可能会导致错误或异常的代码部分。通过遍历尽可能多的路径,白盒测试可以大幅提高软件的质量和可靠性。

路径测试(path testing)是一种用于白盒测试的技术,通过遍历程序的所有可能路径,来检测程序中的错误和缺陷,评估程序的正确性和质量。在这个过程中,测试人员需要考虑多种情况,如循环、选择等不同结构中的所有可能路径。

与路径测试相对应的概念是边界测试(boundary testing),它是指测试人员在特定输入范围内进行测试,以确定程序是否能够正确地处理各种边缘情况。

5.1.3 圈复杂度

> 圈复杂度有多种计算方法,不同需要下使用不同方法。对于实际工作中的问题,也需要灵活思考,综合应用各种方法。
>
> 素质培养

圈复杂度也称为环形复杂度,它是一种为程序逻辑复杂度提供定量尺度的软件度量工具,用来衡量一个程序模块所包含的判定结构的复杂程度。数量上表现为独立路径条数的上界,即合理地预防错误所需测试的最少路径条数。

圈复杂度大的程序,其代码可能质量低且难以测试和维护。经验也表明,程序中可能存在的缺陷数,和圈复杂度有很大相关性。

对于基本路径测试法,圈复杂度可以提供程序基本路径集中独立路径的数目,确保所有语句至少执行一次的测试数量的上界。

圈复杂度以图论为基础,可通过以下 3 种方法之一进行计算。

(1) 控制流图中区域的数量对应于圈复杂度。注意,节点所围住的以外区域,也算一个区域。

(2) 给定控制流图 G 的环形复杂度 V(G),定义为

$$V(G)=E-N+2$$

其中,E 是控制流图中边的数量,N 是控制流图中节点的数量。

(3) 给定控制流图 G 的环形复杂度 V(G),也可定义为

$$V(G)=P+1$$

其中,P 是控制流图 G 中判定节点的数量。对于多分支的 CASE 结构或 if-elseif-else 结构,统计判定节点的个数时需要特别注意一点,必须统计全部实际的判定节点数,也即每条

elseif 语句,以及每条 case 语句,都是一个判定节点。

对应图 5-2,其圈复杂度为 4。

5.1.4 图矩阵

图矩阵(graph matrix)是控制流图的矩阵表示形式。一个图矩阵是一个方阵,其行、列数就是控制流图中的节点数,每行和每列依次对应到一个被标示的节点。矩阵元素对应到节点间的连接(即边)。在控制流图中的每一个节点都用数字加以标示,每一条边都用字母加以标示。如果在控制流图中第 i 个节点到第 j 个节点有一个名为 x 的边相连接,则在对应的图矩阵中第 i 行、第 j 列有一个非空的元素 x。

对每个矩阵项加入连接权值(link weight),图矩阵就可以用于在测试中评估程序的控制结构,连接权值为控制流提供了另外的信息。最简单的情况下,连接权值是 1(存在连接)或 0(不存在连接)。也可为连接权值赋予更有趣的属性,例如:①执行连接(边)的概率;②穿越连接的处理时间;③穿越连接时所需的内存;④穿越连接时所需的资源。

图 5-6 描述了一个简单的控制流图及其对应的图矩阵。

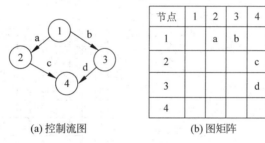

(a) 控制流图　　　　　　　(b) 图矩阵

图 5-6 简单的控制流图及其对应的图矩阵

通过图 5-6 的图矩阵,可以确定的信息包括判定节点、圈复杂度和基本路径集。在图矩阵中,可以获得以下信息。

(1) 连接权位置有值或为"1"表示存在一个连接。

(2) 如果矩阵中的某行有两个或更多的元素有值或为"1",即该节点的出度大于 1,则这行所代表的节点一定是一个判定节点,如图 5-6 中的节点 1。

(3) 通过计算矩阵中有两个以上(包括两个)元素的行数,就可以得到圈复杂度:判定节点数+1。

(4) 基本路径集:从初始节点开始线性索引直到找到尾节点。如图 5-6 中,用边描述为 ac 和 bd,或节点序列描述为 1-2-4 和 1-3-4,两条路径构成基本路径集。

图矩阵的数据结构在测试中非常有用。为提高测试效率,导出控制流图和决定基本测试路径的过程均期待能够自动化实现。图矩阵是在基本路径测试中起辅助作用的软件工具,利用它可以自动地确定一个基本路径集。

【例 5-3】 写出图 5-7 的控制流图及图矩阵,确定判定节点数和圈复杂度,并导出基本路径集。

图 5-8 给出对应的控制流图和图矩阵。

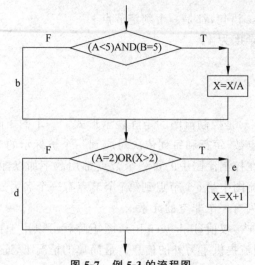

图 5-7　例 5-3 的流程图

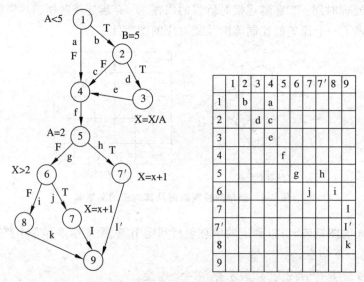

图 5-8　例 5-3 的控制流图及其图矩阵

根据图矩阵可知,判定节点为 1、2、5、6。

圈复杂度为判定节点数＋1,所以是 5。

由图矩阵导出基本路径集为{bdefgjl,bcfgjk,bcfgjl,bcfhl′,afgjl}。

矩阵图的最大优点在于,寻找对应元素的交点很方便,而且不会遗漏;并且显示对应元素的关系也很清楚。

5.2　基本路径测试法

白盒测试基础(1)

在面向路径的测试中,常用的测试用例设计方法有逻辑覆盖法(逻辑驱动测试)和基本路径测试法。其中基本路径测试法的运用最为广泛。

为达到测试目的,基本路径测试法需要遵循以下原则。

(1) 保证一个模块中的所有独立路径至少被使用一次。

(2) 对所有逻辑值均需测试真和假,以保证所有判断的每一分支至少执行一次。

(3) 检查程序的内部数据结构,保证其结构的有效性。

(4) 保证每一循环都在边界条件和一般条件下至少各执行一次。

基本路径法涉及独立路径和基本路径集的概念。

5.2.1 独立路径和基本路径集

任何有关路径分析的测试都可以被称为路径测试。

独立路径是指程序中至少引入一个新的处理语句(集合)或一个新条件的程序通路。在独立路径中,必须至少包含一条在本次定义路径之前不曾使用过的边。一组包含了所有边的独立路径组成基本路径集。

独立路径

基本路径集是指覆盖了程序中所有语句和分支的路径集合,其特点是集合中的每一条路径都是一条独立路径,即程序中所有的边都被访问过(每一条执行语句至少执行一次)。显然,对于给定的控制流图,可以得到不同的基本路径集,也就是说,基本路径集是不唯一的。

圈复杂度在数量上表现为独立路径的条数上界,即合理地预防错误所需测试的最少路径条数。

基本路径覆盖对许多重要模块的单元测试是非常必要的。尤其是,基本路径覆盖可以预先估算出测试用例的数目,从而可以估算测试的预期时间成本。

5.2.2 路径表达式

对于控制流图,在一组由独立路径构成的基本路径集之外,常常还有其他路径。也就是说,实际能够写出的路径数量通常多于一组独立路径的数量。对于根据控制流图能够写出的所有路径,可称之为理论路径。在理论路径中,可能存在程序实际运行时不可达的路径;与之相对的,是可达路径。

可以使用路径表达式确定控制流图的理论路径数目和具体路径。

路径表达式是将流图"边"上的字符用+或*连接起来的表达式:弧 a 和弧 b 相乘,意为两弧是顺序关系,先经历弧 a,再经过弧 b,表示为 ab;弧 a 和弧 b 相加,意为两弧是"或"关系,表示为 a+b。

将所有弧均以数值 1 代替,再进行表达式的相加和相乘运算,结果即是该控制流图的理论路径数目。将路径表达式展开,获得的每一单项,就是一条条理论路径。

路径表达式中没有考虑循环的处理情况,对于循环操作,将在 5.3.9 小节中讲解。

5.2.3 基本路径集法设计测试用例

问答:判定覆盖
条数

【例 5-4】 写出下面控制流图的独立路径及一组基本路径集。

图 5-9 中,所有路径共 4 条,描述为 abdf、abef、acdf、acef。

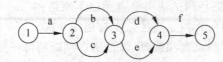

图 5-9　例 5-4 的控制流图

其中,独立路径至多 3 条,如 abdf、abef、acdf。

可以构成基本路径集:{abdf,abef,acdf}。

根据独立路径和基本路径集的定义,还可以得出其他的基本路径集,如{acdf,acef,abdf}或{abdf,acef}。

对基本路径集进行总结,可知:①一组独立路径的集合构成基本路径集;②基本路径集不唯一;③基本路径集法能够不测试所有路径,但能测试到所有语句。

对于一个基本路径集,如何才能写全所有独立路径呢?一种常用的方法:对于每一个分支节点(如从后向前依次遍历分支节点),依次翻转到此前未曾走过的边。这也是使用工程化的思维方式来解决问题。

【例 5-5】　写出图 5-10 中的独立路径及数量,构成基本路径集,并写出路径表达式,确定逻辑路径及数量。

由图 5-10 可知,其圈复杂度为 5,说明基本路径集中共有 5 条独立路径。

写出独立路径,构成一组基本路径集为{adfgj,adfh,adfik,abfh,acefh}

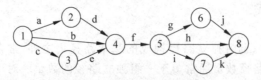

图 5-10　例 5-5 的控制流图

其他可能的基本路径集为{adfgj,adfh,adfik,bfh,cefh}或{bfgj,bfh,bfik,adfh,cefh}或{bfgj,bfh,bfik,adgj,cefik}

路径表达式为(ad+b+ce)f(gj+h+ik)。将式中各字母取值为 1,计算其值为 9。展开表达式,则 9 条逻辑路径分别为 adfgj,adfh,adfik,abfgj,abdh,abfik,cefgj,cefh,cefik。

【例 5-6】　给定程序段如图 5-11(a)所示,用基本路径集法为程序段设计测试用例。

求解思路:首先画控制流图,计算圈复杂度,然后写出基本路径集,最后生成覆盖基本路径集的测试用例。

控制流图如图 5-11(b)所示,其圈复杂度为 4,即独立路径数目的上界为 4。一组独立路径构成基本路径集:①1-2-11;②1-2-3-4-11;③1-2-3-6-7-10-2-11;④1-2-3-6-9-10-2-11。

问答:逻辑、独立、判定覆盖的路径条数

作业讲解 3——基本路径集

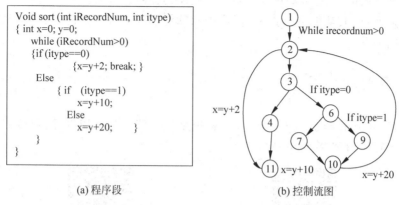

(a) 程序段

(b) 控制流图

图 5-11 例 5-6 的程序段及对应的控制流图

对应的测试用例如表 5-1 所示。

表 5-1 基本路径集法设计的测试用例

序号	输入数据	预期输出	路径
1	irecordnum＝0,itype＝9	x＝0,y＝0	①
2	irecordnum＝1,itype＝0	x＝2,y＝0	②
3	irecordnum＝1,itype＝1	x＝10,y＝0	③
4	irecordnum＝1,itype＝2	x＝20,y＝0	④

5.3 逻辑覆盖测试法

白盒测试中,最重要的动态测试方法是逻辑覆盖测试法。典型的 6 种逻辑覆盖包括语句覆盖、判定覆盖、条件覆盖、判定/条件覆盖、条件组合覆盖和路径覆盖。在详细介绍各逻辑覆盖之前,首先说明测试覆盖率的概念。

白盒测试——
面向覆盖的测试

5.3.1 测试覆盖率

覆盖率是度量测试完整性的一种手段,是测试有效性的一种度量。白盒测试中的测试覆盖率用以衡量软件代码被执行的程度。

测试覆盖率用于确定测试所执行到的覆盖项的百分比。其中的覆盖项是指作为测试基础的一个入口或属性,如语句、分支、条件等。测试覆盖率的计算公式为

覆盖率

$$测试覆盖率＝至少被执行一次的 item 数/item 总数$$

测试覆盖率用于评估测试的有效性,表示测试的充分性,在测试分析报告中可以作为量化指标的依据。显然,测试覆盖率越高,表示测试得越充分。

不过,测试覆盖率不是目标,只是一种手段。使用覆盖率的目的是找出软件弱点而有

目的地补充测试用例。显然,测试成本随着覆盖率的提高会增加。

对于黑盒测试,有功能点覆盖率,用以表示软件已经实现的功能与软件需要实现的功能之间的比例关系。

5.3.2 语句覆盖

语句覆盖(statement coverage)的基本思想是设计若干测试用例,运行被测程序,使程序中每个可执行语句至少执行一次。

整体理解逻辑覆盖

语句覆盖

【例 5-7】 对于如图 5-12(a)所示的一个简单的数学运算程序段,设计面向语句覆盖的测试用例。

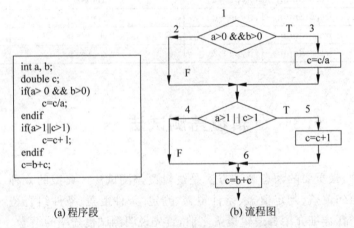

(a) 程序段 (b) 流程图

图 5-12 例 5-7 的程序段及对应的流程图

记条件 M={a>0 and b>0},条件 N={a>1 or c>1}。由流程图可以看出,该程序模块有 4 条不同的路径:①P1(1-2-4-6);②P2(1-2-5-6);③P3(1-3-4-6);④P4(1-3-5-6)。

分析程序段中的可执行语句,有 c=c/a,c=c+1,c=b+c,按照语句覆盖的测试用例设计原则,路径 P4 的 1-3-5-6 走过所有可执行语句。

设计测试用例:输入数据(a=2,b=2,c=4)路径:1-3-5-6;预期输出 c=5。

语句覆盖可以很直观地从源代码得到测试用例,无须细分每条判定表达式。不过,由于这种测试方法仅仅针对程序逻辑中显式存在的语句进行测试,没有考虑隐藏的条件和可能到达的隐式逻辑分支。如在 Do-While 结构中,语句覆盖只执行其中某一个条件分支,显然,对于多分支的逻辑运算是无法全面反映的,因为它只在乎运行一次,而不考虑其他情况。语句覆盖是最弱的逻辑覆盖准则。

在设计面向语句覆盖的测试用例时,还需要考虑其他因素来补充测试用例。例如,考

判定覆盖

虑逻辑判定条件的"屏蔽"作用,输入条件的测试数据选取,边界值测试等。

5.3.3 判定覆盖

判定覆盖(decision coverage)又称为分支覆盖(branch coverage),旨在验证每个程序的代码路径中,每个判定分支至少被执行一次,即各判断的真假值均被满足过至少一次。

按照判定覆盖的基本思想,对例 5-7 进行测试用例设计。如表 5-2 所示,P1(1-2-4-6)和 P4(1-3-5-6)是面向判定的被测试路径,其中 P1 是取假的路径,P4 是取真的路径,具体测试用例可设计如下。当然,也可以选择其他可使程序走过路径 P1 和 P4 的测试数据。

表 5-2 面向判定覆盖的测试用例

判定 M: a>0 and b=0	判定 N: a>1or c>1	路 径	测试数据	预期输出
F	F	P1(1-2-4-6)	a=−2,b=0,c=0	a=−2,b=0,c=5
T	T	P4(1-3-5-6)	a=2,b=2,c=4	a=2,b=2,c=5

显然,P2 和 P3 可以作为另一组面向判定覆盖的被测路径。

上面的例子是仅具有两分支的判断,还需要把判定覆盖准则扩充到多分支判断(如 Case 语句)的情况。因此,判定覆盖更为广泛的含义是:使每一个判定获得每一种可能的结果至少一次。例如,对于下面的多分支程序流程图 5-13,面向判定的覆盖需要设计 4 条测试用例。

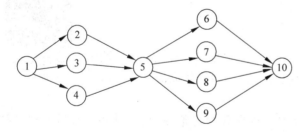

图 5-13 多分支程序流程图

问答:哪个测试数据更好?

判定覆盖具有比语句覆盖更强的测试能力,也有与语句覆盖一样的简单性。判定覆盖无须细分每个判定里的条件。

不过,在实际的被测程序中,大部分的判定语句是由多个逻辑条件组合而成的,若仅仅判断其整个最终结果,而忽略每个条件的取值情况,必然会遗漏部分测试路径。

5.3.4 条件覆盖

面向条件的逻辑覆盖(conditional coverage)方法要求测试用例至少覆盖每个条件一次,即每个判定中的每个条件取值,至少有一次为真值,有一次为假值。

条件覆盖

M 判定的两个条件 a＞0 和 b＞0，以及 N 判定的两个条件 a＞1 和 c＞1，都需要取过真值和假值。记：

a＞0 取真时值为 T1，取假时值为 F1；

b＞0 取真时值为 T2，取假时值为 F2；

a＞1 取真时值为 T3，取假时值为 F3；

c＞1 取真时值为 T4，取假时值为 F4。

条件覆盖与
判定覆盖的
区别

根据条件覆盖的基本思路，和这 8 个条件取值，设计测试用例如表 5-3 所示。

表 5-3　面向条件覆盖的测试用例

a＞0	b＞0	a＞1	c＞1	覆盖路径	测试数据	预期输出
T1	F2	T3	F4	P2(1-2-5-6)	a＝2,b＝0,c＝−3	a＝1,b＝0,c＝−2
F1	T2	F3	T4	P2(1-2-5-6)	a＝−1,b＝2,c＝3	a＝−1,b＝2,c＝6

可以看出，上面两组测试用例虽然覆盖的路径相同，但面向的条件却不一样，所以设计的测试数据也不相同。并且这两组数据虽然满足了条件覆盖的要求，但没能满足判定覆盖的要求。显然，也可设计其他组满足条件覆盖要求的测试用例。

当然，要保证每个条件的真假都能至少取值一次，还有其他测试用例设计方式。

虽然条件覆盖比判定覆盖增加了对符合判定情况的测试，但条件覆盖并不能保证判定覆盖。条件覆盖只能保证每个条件至少有一次为真和为假，而不考虑所有的判定结果。为此，下面进一步学习判定/条件覆盖。

5.3.5　判定/条件覆盖

判定/条件
覆盖

判定/条件覆盖(decision/conditional coverage)要求设计足够多的测试用例，使得判断条件中的所有条件至少执行一次真和假的取值，同时，所有判断的可能结果也至少执行一次。

按照这种思想，在前面的例子中，需要至少保证判定条件 M 和 N 各取真假一次，同时还要保证 4 个条件的 8 种真假取值至少执行一次。设计的测试用例如表 5-4 所示。显然，满足判定/条件覆盖的测试用例一定同时满足判定覆盖和条件覆盖。

表 5-4　面向判定/条件覆盖的测试用例(1)

条　　件				判　定		覆盖路径	测试数据	预期输出
a＞0	b＞0	a＞1	c＞1	M	N			
T1	F2	T3	T4	F	T	P2(1-2-5-6)	a＝2,b＝0,c＝−3	a＝1,b＝0,c＝−2
F1	T2	F3	T4	F	T	P2(1-2-5-6)	a＝−1,b＝2,c＝3	a＝−1,b＝2,c＝6
T1	T2	F3	F4	T	F	P3(1-3-4-6)	a＝1,b＝1,c＝−3	a＝1,b＝1,c＝−2

当然，用两条测试用例同样可以实现上题中面向判定/条件的覆盖，如表 5-5 所示。

表 5-5 面向判定/条件覆盖的测试用例(2)

条 件				判 定		覆盖路径	测试数据	预期输出
a>0	b>0	a>1	c>1	M	N			
T1	T2	T3	T4	T	T	P4(1-3-5-6)	a=2,b=1,c=6	a=2,b=1,c=5
F1	F2	F3	F4	F	F	P1(1-2-4-6)	a=−1,b=−2,c=−3	a=−1,b=−2,c=−5

虽然上面两组测试用例的数量不同,但都实现了对判定/条件的覆盖。如果以尽可能少的测试用例达到覆盖要求为准则,显然是第二组胜出。不过,考虑测试的有效性,又是第一组胜出。在实际测试工作中,仍是需要根据具体情况选择测试用例。

判定/条件覆盖满足判定覆盖准则和条件覆盖准则,弥补了二者的不足。但未考虑条件的组合情况。例如,对于逻辑表达式 a>0 and b>0,如果 a>0 为假,目标程序在执行时就不会再检查 b>0 了,则 b>0 的错误就无法被发现。

5.3.6 条件组合覆盖

条件组合覆盖(multiple condition coverage)的基本思想是设计足够多的测试用例,使得判断中每个条件的所有组合至少出现一次,并且每个判断本身的所有可能判定结果也至少出现一次。

条件组合覆盖

按照条件组合覆盖的基本思想,对于前面的例子,两个判断各包含两个条件,因此这 4 个条件在两个判断中可能有 8 种组合。在第 1 个判断中,条件结果的所有可能组合有如下 4 种：①a>0,b>0；②a>0,b<=0；③a<=0,b>0；④a<=0,b<=0。

作业讲解 4——
面向覆盖的
测试

同样,第 2 个判断中,条件结果的所有可能组合有如下 4 种：⑤a>1,c>1；⑥a>1,c<=1；⑦a<=1,c>1；⑧a<=1,c<=1。

2 个判断的组合可以是①⑤、②⑥、③⑦和④⑧。据此,可以设计 4 条测试用例来满足条件组合覆盖度量标准。面向条件组合覆盖的测试用例如表 5-6 所示。

表 5-6 面向条件组合覆盖的测试用例

条 件				判 定		覆盖组合	覆盖路径	测试数据	预期输出
a>0	b>0	a>1	c>1	M	N				
T1	T2	T3	T4	T	T	①⑤	P4(1-3-5-6)	a=2,b=1,c=6	a=2,b=1,c=5
T1	F2	T3	F4	F	T	②⑥	P2(1-2-5-6)	a=2,b=0,c=−3	a=1,b=0,c=−2
F1	T2	T3	T4	F	T	③⑦	P2(1-2-5-6)	a=−1,b=2,c=3	a=−1,b=2,c=6
F1	F2	F3	F4	F	F	④⑧	P1(1-2-4-6)	a=−1,b=−2,c=−3	a=−1,b=−2,c=−5

这里强调,条件组合覆盖是对每个判定分别考虑它们的条件组合,而不是对整个程序中所有判定的所有条件的组合。

由于条件组合覆盖使每个判定中条件结果的所有可能组合都至少出现一次,因此判定本身的所有可能结果也一定至少出现一次。同时,也使每个条件的所有可能结果至少出现一次。因此,满足条件组合覆盖的测试一定满足判定覆盖、条件覆盖和判定/条件覆盖,它是上述5种覆盖度量标准中最强的一种。

白盒测试4
习题及随机
测试

条件组合覆盖的不足之处在于可能极大地增加了测试用例的数量。并且,事实上,即使条件的各种组合都覆盖到,也不见得能覆盖所有路径。

5.3.7 修正的条件/判定覆盖*

> 条件组合覆盖增加了测试用例的数量,对于复杂的高质量要求软件,要如何设计测试用例,既能找到软件缺陷,又能少用一些测试用例呢?工程师和学术界不断研究,探索出一种修正的条件/判定覆盖方法。正是基于这种执着的工匠精神,和不断探索的灵活创新,才推动了科技的不断进步。
>
> 素质培养

修正的条件/判定覆盖(modified condition/decision coverage,MC/DC)是由欧美的航空航天制造厂商和使用单位联合制定的《航空运输和装备系统软件认证标准》,目前在国外的国防、航空航天领域应用广泛。这个覆盖度量标准需要足够的测试用例来确定各个条件能够影响到所包含的判定的结果。

修正的条件/判定覆盖要求满足两个条件:一个是每个程序模块的入口和出口都要考虑至少被调用一次,每个程序判定的所有可能结果至少转换一次;另一个是程序的判定被分解为通过逻辑操作符连接的布尔条件,每个条件都要独立影响判定结果。

修正的条件/判定覆盖度量标准,本质上是判定/条件覆盖的完善版和条件组合覆盖的精简版。其目的是既实现判定/条件覆盖中尚未考虑到的各种条件组合情况的覆盖,又减少像条件组合覆盖中可能产生的大量数目的测试用例。也就是通过抛弃条件组合覆盖中那些作用不大的测试用例,尽可能实现使用较少的测试用例来完成更有效的覆盖。

具体地说,修正的条件/判定覆盖就是在各种条件组合中,在其他所有条件变量恒定不变的情况下,对每一个条件变量分别只取真假值一次,以此来抛弃那些可能会重复的测试用例。

以算法的形式描述MC/DC的测试用例设计步骤。MC/DC首先要求实现条件覆盖、判定覆盖,在此基础上,对于每一个条件C,要求存在符合以下条件的两次计算。

(1)条件C所在判定内的所有条件,除条件C外,其他条件的取值完全相同。

(2)条件C的取值相反。

(3)判定的计算结果相反。

对于图5-12所示的程序中,由于每个判定只有两个条件变量,所以MC/DC度量标准所设计的测试用例,与按条件组合覆盖度量标准设计的测试用例应该是一样的。但是,对于那些每个判定存在3个或3个以上条件变量的情况,MC/DC往往能大幅减少测试用例的数目。

下面用一个简单的例子来说明MC/DC。被测程序段如下:

```
If (A or B and C)
    Statement1;
Else
    Statement2;
End if
```

首先,MC/DC需要满足判定覆盖的要求,即(A or B and C)这个判定的取真和取假各一次,如A、B、C分别取011、010,则两个用例就可以满足要求。

其次,在每个判定中的每个条件都要独立地影响判定结果至少一次。

独立影响的意思是:在其他条件不变的情况下,整个表达式的值取决于这个条件,即这个条件对结果独立起作用。例如在上面的表达式中,如果让A对结果独立起作用,则B必须为F且C必须为T(当然也可以B为T,C为F),让A的两种取值各出现一次,对应的用例是101和001。如果让B对结果独立起作用,则A必须为F,C必须为T,并且让B的两种取值各出现一次,对应的用例是011和001。如果让C对结果独立起作用,则A必须为F,B必须为T,C的两种取值各出现一次,对应的用例是011和010。

总结上面的测试用例:满足判定覆盖条件的011和010;A对结果独立起作用的101和001;B对结果独立起作用的011和001;C对结果独立起作用的011和010。

综合上面的结果,删除冗余用例,得到4个测试用例101、001、011、010,即可满足修正的条件/判定覆盖。

对于使用条件组合覆盖的情况,3个条件组合共需要8个测试用例。可知,修正的条件/判定覆盖MC/DC往往能大幅减少测试用例的数目。事实上,满足MC/DC的用例数目下界为条件数+1,上界为条件数的2倍,比如,判定中有3个条件,条件组合覆盖需要$2^3=8$个测试用例,而MC/DC需要的用例数为4~6个。如果判定中条件很多,用例数的差别将非常大。例如,判定中有10个条件,条件组合覆盖需要$2^{10}=1024$个测试用例,而MC/DC只需要11~20个测试用例。

虽然MC/DC方法设计的测试用例数量少,但其发现错误的准确率却特别高,因此,MC/DC适合测试那些大型的并且要求非常精确的软件。

5.3.8 路径覆盖

路径覆盖

前面提到的几种逻辑覆盖都算是面向路径的覆盖。但不是路径覆盖。广义的路径覆盖是指对程序的所有路径都走过,但这是不可能实现的。通常所说的路径覆盖,是狭义的路径覆盖。如果不特指,本文所说的路径覆盖指狭义的路径覆盖。

路径覆盖是指,通过设计足够多的测试用例,使得运行这些测试用例时,程序的每条可能执行到的路径都至少经过一次(如果程序中有环路,则要求每条环路至少经过一次)。

路径覆盖的目的就是要使设计的测试用例能覆盖被测程序中所有可能的路径。朴素的观点认为,只有当程序中的每一条路径都受到了检验,才会感觉程序受到了全面检验。因为程序要取得正确的结果,就必须消除遇到的各种障碍,沿着特定的路径顺利执行。在5.2.2小节中的路径表达式可用于计算程序的理论路径及数目,是路径覆盖的有力工具。

路径覆盖的出发点是合理的、完善的,是想要做到全面而无遗漏的覆盖,但实际上,路径覆盖并不能真正做到无遗漏。例如,路径覆盖法就没有涵盖所有的条件覆盖和条件组合覆盖。

表5-7说明路径覆盖的测试用例,可以看出,里面没有覆盖到条件组合③和⑦。

表 5-7 路径覆盖的测试用例

条		件		判	定	覆盖组合	覆盖路径	测试数据	预期输出
a>0	b>0	a>1	c>1	M	N				
T1	T2	T3	T4	T	T	①⑤	P4(1-3-5-6)	a=2,b=1,c=6	a=2,b=1,c=5
T1	T2	F3	F4	T	F	①⑧	P3(1-3-4-6)	a=1,b=1,c=−3	a=1,b=1,c=−2
F1	F2	F3	T4	F	T	④⑥	P2(1-2-5-6)	a=−1,b=0,c=3	a=−1,b=0,c=4
T1	F2	F3	F4	F	F	②⑧	P1(1-2-4-6)	a=1,b=0,c=−3	a=1,b=0,c=−3

注：判定 M：a>0 and b=0，判定 N：a>1or c>1；P1:(1-2-4-6)；P2:(1-2-5-6)；P3:(1-3-4-6)；P4:(1-3-5-6)。

在某些情况下，一些理论路径是不可能被执行的。例如，以下程序段

```
If (A) B++;
IF(!A) C--;
```

包括两条可执行路径，即 A 为真或假时对 B 和 C 的处理。由于 A 值不可能既是真又是假，而路径覆盖测试又认为是包含了真与假的 4 条路径。试图去找另外两条根本不存在的路径将会降低测试效率。

由于路径覆盖需要对所有可能的路径进行测试（包括循环、条件组合、分支选择等），因此需要设计大量复杂的测试用例，这使得测试工作量呈指数级增长。即使是一个不太复杂的程序，其路径的组合都可能是一个庞大的天文数字，要想在测试中覆盖这样多的路径往往是不现实的。

为解决这个难题，只有把覆盖路径数量压缩到一定限度内，如对程序中的循环体只执行一次，或者使用 5.2 节中讲到的"基本路径集"测试法。

特别要注意，在实际测试中，即使对于路径数较少的程序真的做到了路径全覆盖，仍然不能保证被测试程序的正确性，还需要采用其他测试方法进行补充。

上面的各种覆盖度量标准，有其各自的优缺点。覆盖能力较强的标准比覆盖能力较弱的标准更能够发现被测单元中隐含的缺陷，但同时也需要设计更多的测试用例，尤其是，对于复杂度较高的代码模块，采用覆盖很高的度量标准（如条件组合覆盖）会导致测试用例设计特别困难，很容易遗漏路径。

代码的复杂度与测试用例设计的复杂度成正比。所以，对于覆盖度量标准的界定，需要根据被测软件的具体情况制定综合策略。

逻辑覆盖总结

5.3.9 循环的处理

通常将循环分为 4 种类型：单重循环、嵌套循环、连锁循环和非结构循环，如图 5-14 所示。对于每种循环类型，还可以设计特殊的附加测试，以发现循环的初始化错误、下标或增量错误以及循环边界上的错误。

为减少测试用例数量，同时保证一定的测试效果，对各循环测试需要特别注意。

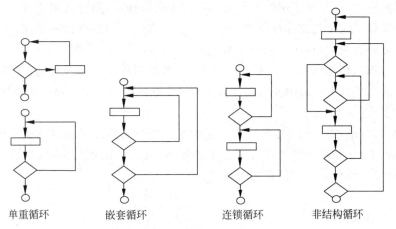

单重循环　　　　　嵌套循环　　　　连锁循环　　　　非结构循环

图 5-14　循环的分类

1. 单重循环

对于此类循环,还需要进行以下测试。

(1) 0 次循环:从循环入口直接跳到循环出口。

(2) 1 次循环:查找循环初始值方面的错误。

(3) 2 次循环:检查在多次循环时才能暴露的错误。

(4) m 次循环:此时的 m<n,也是检查在多次循环时才能暴露的错误,其中 n 表示循环允许的最大次数。

(5) 最大次数循环、比最大次数多一次的循环、比最大次数少一次的循环。

2. 嵌套循环

如果将单重循环的测试方法扩大到嵌套循环,可能的测试数目将随嵌套层次的增加呈几何级数增长,这可能导致天文数字的测试数目。下面提供一种有助于减少测试数目的测试方法。

(1) 除最内层循环外,从最内层循环开始,置所有其他层的循环为最小值。

(2) 最内层循环做单重循环的全部测试,测试时保持所有外层循环的循环变量为最小值;另外,对越界值和非法值做类似的测试。

(3) 逐步外推,对其外面一层循环进行测试。测试时保持所有外层循环的循环变量取最小值,所有其他嵌套内层循环的循环变量取"典型"值。

(4) 反复进行,直到所有各层循环测试完毕。

(5) 对全部各层循环同时取最小循环次数,或者同时取最大循环次数。对于后一种测试,由于测试量太大,需人为指定最大循环次数。

3. 连锁循环

如果各个循环互相独立,则连锁循环可以用与单重循环相同的方法进行测试。例如,有两个循环处于连锁状态,则前一循环的循环变量值就可以作为后一循环的初值。但如果几个循环不是相互独立的,则需要使用嵌套循环的测试方法来处理。

4. 非结构循环

对于非结构的循环,应该使用结构化程序设计方法重新设计。

在实际问题中,一旦有了串联型分支结构或多次循环,其路径数量会按 2^n 猛增到天文数字。要在测试中完全覆盖这样多的路径是无法实现的。为解决这一难题,可以把覆盖的路径数压缩到一定限度内,比如只考虑循环体执行 0 次或 1 次的情况。

这种只考虑循环体执行 0 次或 1 次的路径覆盖准则称为 Z 路径覆盖,它是路径覆盖的一个变体。在 5.2 节中介绍的基本路径集测试就是采用这种方法。该方法使程序的每一条可执行语句至少执行一次。

循环覆盖(loop coverage)也是一种度量标准。循环覆盖度量标准测试报告中,要有对于 while 循环和 for 循环等是否执行了每个循环体 0 次、一次还是多次(连续地)测试的内容,这项信息在其他覆盖率测试报告中是没有的。

5.3.10　最少路径数

为实现测试的逻辑覆盖,必须设计足够多的测试用例,并使用这些测试用例执行被测程序,实施测试。我们关心的是:对于某个具体程序,至少需要设计多少条测试用例,才能实现逻辑覆盖。这里提供一种使用 N-S 图[1]估算最少测试用例数的方法。

结构化程序由 3 种基本控制结构组成:顺序型(构成串行操作)、选择型(构成分支操作)和重复型(构成循环操作)。为简化问题,避免出现测试用例极多的组合爆炸情况,将构成循环操作的重复型结构用选择结构代替。这样,任一循环便改造为进入循环体或不进入循环体的分支结构。用 N-S 图来表示结构化程序中的基本控制结构:顺序型的串行操作、选择型的分支操作、重复型的循环操作,如图 5-15 所示。

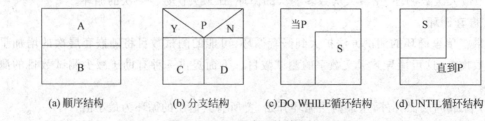

(a) 顺序结构　　　(b) 分支结构　　　(c) DO WHILE循环结构　　　(d) UNTIL循环结构

图 5-15　N-S 图表示的基本控制结构

其中:A、B、C、D、S 均表示要执行的操作,P 是可取真假值的谓词,Y 表示真值,N 表示假值。这些图形可以相互嵌套使用。do while 型和 do until 型是两种重复型结构,代表了两种循环。在做简化循环的假设以后,对于一般的程序控制流,我们只考虑选择型结构。

对于 N-S 图的测试用例数,可以通过直接数执行的操作数来计算,即顺序结构的相乘,选择结构的相加。

图 5-16 所示的 N-S 图,表达了两个顺序执行的分支结构。当两个分支谓词 P1 和 P2 取不同值时,将分别执行 a 或 b 及 c 或 d 操作。显然,要测试这个小程序,需要至少提供

4个测试用例才能做到逻辑覆盖,使得 ac、ad、bc 及 bd 操作均得到测试。

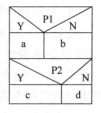

这里的 4 是图中的第 1 个分支谓词引出的两个操作,以及第 2 个分支谓词引出的两个操作,它们组合起来应用概率论中的"乘法规则",得出 $2 \times 2 = 4$;这里的 2 由两个并列操作,即 $1 + 1 = 2$ 得到,即概率论中的"加法规则"。

图 5-16　N-S 图实例(1)

基于以上分析,总结估算最少测试用例个数的方法如下。

(1) 如果在 N-S 图中不存在有串行的层次,则对应的最少测试用例数由并列的操作数决定,即 N-S 图中除谓词之外的操作框的个数。

(2) 如果在 N-S 图中存在有串行的层次 A_1、A_2,且 A_1 和 A_2 的最少测试用例个数分别为 a_1、a_2,则由 A_1、A_2 两层串行组合的 N-S 图对应的最少测试用例数为 $a_1 \times a_2$。

【例 5-8】　如图 5-17 所示的两个 N-S 图,至少需要多少个测试用例完成逻辑覆盖?

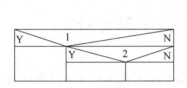 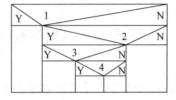

图 5-17　N-S 图实例(2)

对于图 5-17 中左边的 N-S 图,由于图中并不存在串行的层次,最少测试用例数由并列的操作数决定,即为 $1 + 1 + 1 = 3$。

对于图 5-17 中右边的 N-S 图,由于图中没有包含串行的层次,最少测试用例数仍由并列的操作数决定,即为 $1 + 1 + 1 + 1 + 1 = 5$。

【例 5-9】　如图 5-18 所示的 N-S 图,至少需要多少个测试用例完成逻辑覆盖?

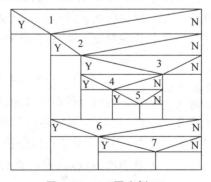

图 5-18　N-S 图实例(3)

分析图 5-18,图中的 2、3、4、5 和 6、7 分别是分支关系。其中,2、3、4、5 层对应的最少测试用例数为 $1 + 1 + 1 + 1 + 1 = 5$,6、7 层对应的最少测试用例数为 $1 + 1 + 1 = 3$,2、3、4、5 和 6、7 这两层组合后对应的测试用例数为 $5 \times 3 = 15$。

最后,由于两层组合后的部分是不满足谓词 1 时所要做的操作,还要加上满足谓词 1 时要做的操作。

因此,整个程序所需测试用例数为 15+1=16。

上面是基于 N-S 图得出的最少测试用例数。也可以使用智能算法优化得出最少路径数,具体优化步骤如下。

确定程序的控制流图(control flow graph),该图显示了程序内部的所有控制结构以及如何决定执行哪个代码块的路径。

(1) 标识所有可能的路径和可能的起始点。

(2) 为每个标识的路径分配一个唯一的编号,如 1、2、3 等。

(3) 使用贪心算法来找到最短的路径集合,以满足覆盖所有路径的条件。通常使用深度优先搜索(DFS)或广度优先搜索(BFS)策略进行搜索,直到所有路径都被覆盖。

特别注意的是,基于最少路径数进行的测试也只是一种实现逻辑覆盖的测试方法,同样无法保证程序的完全正确性。但当应用程序通过最少路径数测试时,将有更高的置信度认为程序已被充分测试,并且较低概率出现未处理的缺陷。

5.4　自动化测试工具设计 *

自动化测试工具用以提高测试效率。能够自动生成测试数据的算法也可被视为一种自动化测试工具。本部分介绍自动生成测试数据的基本思路,以及实现测试数据自动生成过程中所涉及的相关技术,以此打开自动化测试工具的设计思路。

梳理自动测试数据生成工具的思路,首先用某种智能方法(最简单的如随机法)自动生成测试数据,然后用这些测试数据运行程序,记录测试数据走过的程序路径,走过的路径越多,说明测试越充分。其中涉及路径的表示,以及对走过的路径的记录。

科研入门

自动生成测试数据的算法能够提高测试工作效率,可被视为一种非常简单的自动化测试工具。仅以此为例,理解自动化测试工具的设计思想。当然,自动化测试工具有很多种类型,不同类型的自动化测试工具有不同的底层设计逻辑。这里仅是展现问题分析和求解的思路:问题拆解,分而治之。

在设计面向路径覆盖的测试数据生成算法时,涉及很多细节问题,比如,期待生成覆盖尽可能多的路径的测试数据集。这就需要知道测试数据都走过哪些路径,哪些路径未走过,以及这些路径的数量等。

本节首先介绍一种面向程序的路径表示法,以及一种改进的路径表示法——赫夫曼编码路径表示法,然后介绍一种探测程序运行信息的方法——插桩,用以记录走过的路径;最后以随机法自动生成测试用例为例,说明一类自动化测试工具的设计及实现过程。

5.4.1　面向程序的路径表示方法

面向程序的路径表示方法类似于计算机程序中的文件路径表示法——通过使用特定的符号和约定来表示文件或文件夹的位置关系——对应于测试数据走过的控制流图中的节点。

如何在计算机中表达测试数据是否走过某路径？这需要研究路径表达编码方式。

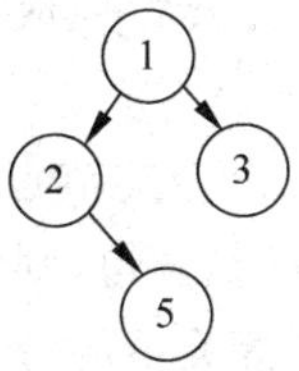

最简单的路径表达编码方式是采用 0 和 1 的二进制编码,对程序的所有节点进行编号,如果测试数据走过被测试程序的某节点,则该节点记为 1,否则记为 0。显然,如果被测程序较大,则需要很长的二进制串表示测试数据是否走过某条路径。

二叉树路径表示法是一种用字符串来表示二叉树结构的方法,其中每个节点用一个字符表示。例如,图 5-19 中的二叉树可表示两条路径,分别为 1-2-5 和 1-3。

图 5-19　二叉树路径
表示法实例

5.4.2　赫夫曼编码路径表示法

对于测试数据生成问题,采用不同的路径编码方式建立的优化模型及其对应的进化求解方法将有很大差别。

已有的路径表示方式很多。最简单的,如使用程序语句编号序列表示一条路径,或使用程序中的分支节点序列表示。显然,这两种方法表示路径时,其表示序列将会很长,而且容易产生编码冗余。为此,需要研究尽可能短又能表达路径信息的路径编码表达方式。

赫夫曼编码是由美国计算机科学家 Huffman 提出的一种编码方式,该编码能够使通常的数据传输数量降低到最少。赫夫曼编码已广泛应用于传真、图像压缩和计算机安全等领域。

赫夫曼树是一类带权路径长度最短的树。赫夫曼编码是利用赫夫曼树构造的一组最优前缀编码(其中任何一个字符的编码都不是其他字符编码的前缀)。

| 科研入门 | 将被测程序表示成一棵二叉树,目标路径采用赫夫曼编码方法表示成二进制串,将能在算法编程时提高路径表达效率。一切面向提高问题解决效率的方面,都是值得研究与探索的。 |
| 素质培养 | 学科间的知识是可以相互借鉴的。在数据结构课程中,我们学过二叉树,以及赫夫曼编码。这里也借用赫夫曼编码的思想,对路径进行赫夫曼编码的表示。 |

该编码的一种构造方法是:约定 0 表示左分支,1 表示右分支,则从根节点到叶节点的路径分支上的字符组成该叶节点的编码。图 5-20(a)为权重分别为 3、2、1、1 的 4 个节点 A、B、C、D 构成的赫夫曼树,其对应的编码如图 5-20(b)所示。

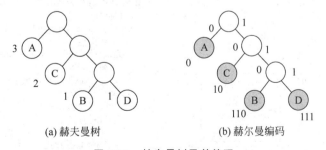

(a) 赫夫曼树　　　　　　　(b) 赫尔曼编码

图 5-20　赫夫曼树及其编码

将赫夫曼编码方法对应到程序中描述路径。

首先分析程序特点。被测程序一般有多条路径。在结构化程序设计中,程序通常由顺

序、选择和循环 3 种结构组成。其中,选择和循环结构决定程序的不同分支走向,选择结构
又包括双分支和多分支两种情况;对于循环结构,可通过引入 Z 路径覆盖将其转换成双分
支选择结构。

然后考虑程序的树结构表示。把程序的每个分支语句的前件表示为一个分支节点;该
分支语句的两个分支分别为该节点的两个子节点,如果某个分支中嵌套分支语句,则其子
节点也为一个分支节点,否则,其子节点为一个叶子节点;对于那些具有串行关系的分支语
句,需将后续的分支节点同时作为先前节点的两个子节点。

将程序的第一个分支语句的前件表示为根节点,按照上述方法,就可以把一个程序表
示成一棵二叉树,且从根节点到叶节点代表一条路径。如果把每个叶节点的权值看成 1,则
由上述方法形成的二叉树即为一棵赫夫曼树。从这个意义上讲,二叉树是一棵特殊的赫夫
曼树,而赫夫曼树是二叉树的广义形式。容易知道,如果采用 0 表示某分支语句的假分支,
1 表示其真分支,则得到的从根节点到叶节点的路径编码即为前缀编码。

编程方法不同,则被测程序对应的二叉树形状也不同。由于不考虑权重,不能称其为
赫夫曼树,这里主要借鉴赫夫曼编码方法表示目标路径。

下面分别以三角形分类程序和 3 个数排序程序说明路径的赫夫曼编码表示方法。其中,
三角形分类程序中包括嵌套分支语句;3 个数排序程序中存在具有串行关系的分支结构。

三角形分类程序的相关信息如图 5-21 所示。其中,C 语言代码如图(a)所示。图(b)是

```
void triangle(int a.int b,int c)
{if ( (a+b<=c) ||(a+c<=b)||(b+c<=a))    //分支①
    printf ("Not_a_Triangle! \n");
  else
    if (a!= b&&b! = c& &c! = a)    //分支②
      printf ( "Scalene! \n");
    else
      if(a==b& &b==c)    //分支③
        printf ("Equilateral! \n") ;
      else printf ("Isosceles!\n"); }
```

(a) 三角形分类程序C语言源代码

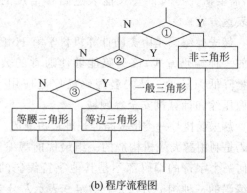

(b) 程序流程图

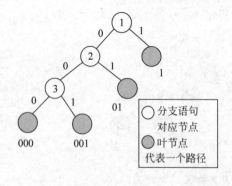

(c) 路径及其赫夫曼编码

```
char A[4]{'\0'};    //存放路径编码
void triangle (int a,int b,int c)
{if ((a+b<=c)//(a+c<=b)//(b+c<=a))    //分支①
   {A[0]= '1';
   printf ("Not_a_Triangle! ln"); }
  else {A[0]= '0' ;
    if (a! = b&&b! = c&&a ! - c)    //分支②
      {A[1]='1';
        printf ("scalene ! ln") ; }
    else{A[1]='0';
      if(a= = b&&a= =c)    //分支③
        {A[2]= '1';
        printf ("Equilateral! ln"); }
      else {A[2]='0';
          printf ("IAosceles! ln") ;  }}
```

(d) 插桩后的三角形分类程序

图 5-21 三角形分类程序、流程图、路径编码及插桩后的程序

该程序流程图。图(c)表示 4 条路径及其赫夫曼编码。可以看出,路径的赫夫曼编码即为该路径包含的叶节点的赫夫曼编码。程序的每条路径都可以用二叉树叶节点的赫夫曼编码表示。图(c)表示的 4 条路径分别是:不能构成三角形的路径,赫夫曼编码为 1;构成一般三角形的路径,编码为 01;构成等腰三角形的路径,编码为 000;构成等边三角形的路径,编码为 001。这样一来,所有路径可以用编码 1 01 001 000 表示。

将表示的路径插桩到程序中,就可以在使用测试数据运行程序时直接获得该测试数据走过的路径。对这类信息进行统计分析,可用于计算测试用例集的覆盖率,或为测试数据生成算法提供其他启发信息。图(d)显示了带插桩的三角形分类程序。具体的插桩相关知识见 5.4.3 小节。

3 个数排序程序用于说明带有串行选择情况的赫夫曼编码路径。该程序的部分 C 语言源代码、程序流程图、路径的赫夫曼编码和插桩后的程序如图 5-22 所示。从程序流程图(b)可知,3 个分支语句属于串行关系,在构造二叉树时,将分支节点①后续的分支节点②作为其两个子节点,同理,分支节点③也同时作为节点②的两个子节点。据此,构造的二叉树如图(c)所示。该程序的所有路径可以用编码 111 110 101 100 011 010 001 000 表示。图(d)显示了带插桩的 3 个数排序程序。

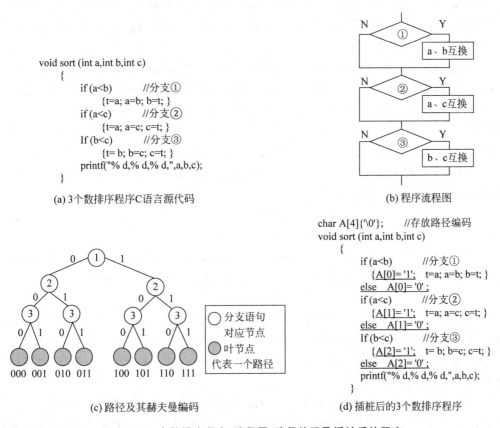

(a) 3 个数排序程序 C 语言源代码

(b) 程序流程图

(c) 路径及其赫夫曼编码

(d) 插桩后的 3 个数排序程序

图 5-22　3 个数排序程序、流程图、路径编码及插桩后的程序

5.4.3 程序插桩

在调试程序时,常常要在程序中插入一些打印语句,这样在执行程序时就可以获得我们最关心的信息。基于此思想,发展出程序插桩技术,以获取程序运行时的各种信息。

1. 程序插桩的目标

程序插桩是为了获得程序执行过程中的内部状态信息,对程序做的不影响程序运行结果的修改,用于进行程序状态的相关监测和检查。

在动态测试时,通常需要记录语句覆盖结果、程

> **科研入门**
>
> 在面向路径覆盖的测试数据生成方法研究中,常常需要程序运行时的各类信息,如测试数据走过的路径等。可以学习插桩技术获得信息。

序的实际运行路径、特定变量在特定时刻的取值等信息,有时还需要统计每条语句的运行次数。程序本身是不会记录这些信息的,可以使用插装技术获取这些信息,通过这些信息了解执行过程中程序的动态特性。

程序插桩可以使用工具完成。JaCoCo 是由 EclEmma 团队开发的一款 Java 程序覆盖信息收集工具,可以用于收集程序的指令、行、分支、方法、类的覆盖率,还可以计算每个方法的环复杂度。要获取程序的覆盖信息,JaCoCo 需要预先对程序进行插桩,由此获取程序的运行信息,并将其记录到文件中。通过分析这些文件,JaCoCo 即可获得程序的覆盖信息。

2. 程序插桩的实现

为反映测试数据在程序执行中穿越的路径,需要在被测程序中插入一些变量。可以用变量的不同值代表执行分支语句的不同走向,变量的个数与路径编码的最大长度相同。例如,可以用一个一维数组存放各分支语句的不同走向,数组类型用字符型或数值型。以字符型为例,记 s 为用于插桩的数组,其元素个数记为 $|s|$,与路径编码的最大长度相同。数组元素用来标记程序对应二叉树中某一层分支的走向,相同层的分支用相同下标的数组元素标识,数组各元素的初值赋为空字符 '\0',若程序运行时走过分支语句的真分支,则该数组赋值为 1。具体插桩时的赋值如下。

$$s[i] = \begin{cases} \text{'1'} & \text{执行真分支} \\ \text{'0'} & \text{执行假分支} \end{cases}, \quad i = 0, 1, \cdots, |s| - 1$$

例如,在程序分支语句的执行部分插桩变量赋值语句。对于程序的第 i 层分支语句,在条件为真的执行语句中插桩赋值语句 $s[i] = \text{'1'}$,在条件为假的执行语句中插桩赋值语句 $s[i] = \text{'0'}$。

当然,也可以在需要插桩的位置(如每个语句块的首条可运行语句前和每条分支语句前后)植入计数变量 c 和自增语句 c++,使用变量来做插桩的结果记录。

由于插桩语句能够帮助获取程序信息,有时也把插入的语句称为"探测器",借以实现"探查"或"监控"的功能。

下面以计算整数 x 和整数 y 的最大公约数程序 P 为例,说明插装方法的要点。本次插桩的目标是,通过程序插桩判断测试结果是否满足语句覆盖、分支覆盖等逻辑覆盖需求。为此,需要记录每条语句或语句块的运行次数。表 5-8 给出了程序 P 和针对 P 的插桩结果 P′。其中,根据插桩程序的输出结果可知每条语句的实际运行次数,进而可以判断测试结果是否满足语句覆盖、分支覆盖等逻辑覆盖需求。

表 5-8 程序 P 与插桩后的程序 P′

程序 P		插桩后的程序 P′	
1	int gsd(int x,int y){	int gsd(int x,int y){	1
2	int q＝x;	int c_1，c_2，c_3，c_4，c_5，c_6;	2
3	int r＝y;	c_{1++};	3
4	while (q !＝r) {	int q＝x;	4
5	if(q＞r)	int r＝y;	5
6	q＝q－r;	c_{2++};	6
7	else	while (q !＝r) {	7
8	r＝r－q;}	c_{3++};	8
9	return q;	if(q＞r)	9
10	}	{c_{4++}; q＝q－r;}	10
		else	11
		{c_{5++}; r＝r－q;}	12
		}	13
			14
		c_{6++};	15
		print (c_1，c_2，c_3，c_4，c_5，c_6);	16
		return q;	17
		}	

在插桩程序时需要考虑：①要探测哪些信息；②在程序的什么部位设置探测点；③插桩语句的类型是什么；④需要设置多少个探测点。

其中前 3 个问题需要结合具体问题分析，不能给出笼统的回答。第 4 个问题则需要研究如何设置最少探测点的方案。

程序插桩的原则是：利用尽可能少的插桩点完成尽量多的信息收集工作。例如，要获取程序的运行路径，可以在程序中每个语句块的首条可运行语句前以及每条分支语句、调用语句、返回语句前后植入插桩语句即可，不必在每一条语句前后进行插桩。

理论上，程序中可插桩位置和可插桩语句的数量是不受限制的。然而，程序插桩是需要成本的，不合理的插桩会降低程序的运行效率，也增加研发人员的负担。因此，在程序插桩前需要合理选择插桩的位置和内容。

设置计数语句的常见插桩位置如下：①程序块的第一个可执行语句之前；②程序块入口语句的前后；③有标号的可执行语句处；④do、do while、do until 及 do 终端语句之后；⑤if、else if、else 及 end if 语句之后；⑥logical if 语句处；⑦输入/输出语句之后；⑧call 语句之后；⑨go to 语句之后。

实践表明，程序插桩是应用很广的技术，特别是在程序测试和调试时非常有用。

3. 程序插桩代码示例

这里以"3 个数排序"程序为例，进一步说明插桩方法，以及其灵活性。

（1）带语句标号的程序。

```
void sort(int a, int b, int c)
{       int t;
1       if(a＞b)
2           {t＝a;a＝b;b＝t;}
```

```
3       if(a>c)
4           {t=a;a=c;c=t;}
5        if(b>c)
6           {t=b;b=c;c=t;}
7        printf("%d %d %d\n",a,b,c);
}
```

（2）插装后的带标号的程序。

```
void sort(int a, int b, int c, int p[] )
{       int t; int i=0;
        p[i++]=1;
1       if(a>b)
2           {t=a;a=b;b=t; p[i++]=2;}
        p[i++]=3;
3       if(a>c)
4           {t=a;a=c;c=t; p[i++]=4;}
        p[i++]=5;
5       if(b>c)
6           {t=b;b=c;c=t; p[i++]=6;}
        p[i++]=7;
7       printf("%d %d %d\n",a,b,c);
}
```

（3）插装后的程序(运行后输出执行路径)。

```
# include <stdio.h>
void sort(int a, int b, int c);
main()
{
   int x,y,z,q[8]={0}, i;
    scanf("%d%d%d",&x,&y,&z);
    sort(x,y,z,q);
    printf("\n=====执行路径是:=======\n");
    for(i=0;i<8 && q[i]!=0;i++)
       printf("%5d",q[i]);
    printf("\n");
}
void sort(int a, int b, int c,int p[])
{       int t,i=0;
     p[i++]=1;
     if(a>b)                          //--1
     {t=a;a=b;b=t;p[i++]=2;}          //--2
     p[i++]=3;
        if(a>c)                       //--3
     {t=a;a=c;c=t;p[i++]=4;}          //--4
     p[i++]=5;
        if(b>c)                       //--5
        {t=b;b=c;c=t;p[i++]=6;}       //--6
     p[i++]=7;
        printf("%d %d %d\n",a,b,c);   //--7
}
```

5.4.4　随机法自动生成测试数据

1. 随机法生成测试数据的步骤

随机法生成测试数据的原理：根据测试目标的特征和要求，在被测程序的输入域范围内，通过随机方式生成测试数据，以达到测试覆盖率要求。如测试数据输入域范围为[0,100]，随机选择[0,100]中的数字进行测试。

科研入门　随机法自动生成测试数据，可以将其看作最简单的自动化测试数据生成方法。下面讲解随机法生成测试数据的原理和步骤。在此方法基础上，可以探索更具效率的测试数据生成方法。

在随机法中，测试数据随机生成，可以有效增加测试用例的多样性，提高测试覆盖率。尤其是，随机法原理和过程都非常简单，可以快速生成大量测试数据。

使用随机法生成测试数据的一般步骤如下。

(1) 确定测试数据的范围和类型。

(2) 设计随机算法，生成符合要求的随机数据。

(3) 对生成的数据进行筛选和清洗，确保数据符合测试要求。

(4) 将清洗后的数据导入测试用例中。

(5) 执行测试用例，验证测试结果。

在实际应用中，需要根据测试对象和测试需求进行有针对性的设计和调整，以确保生成的测试数据具有一定的覆盖率和有效性。

2. 自适应随机测试

自适应随机测试是一种增强的随机测试，本质是利用测试用例的聚集特性提高随机测试的效率。

自适应随机测试方法的理论基础是，被测试软件的输入参数之间存在相互作用，使得软件的错误仅和某几个参数相关，而引起失效的输入在输入空间的分布是相关的。这个理论基础的结论是：失效输入通常集中于某个区域。也就是说，一个失效输入附近的输入很可能也是失效输入。即假设用例 t_1 与 t_2 在同一区域，距离较近，则 t_1 检测出软件缺陷后，t_2 发现缺陷的概率就很大。同理，非失效测试用例附近，其他测试用例失效的概率也很小。也就是说，如果当前随机生成的测试数据 t_1 没有找到软件缺陷，则下一个生成的测试数据应该在离 t_1 远的位置随机生成。

自适应随机测试可用如下步骤实现。

(1) 随机生成 n 条测试用例，组成测试用例集 T。

(2) 在用例集 T 中随机选择测试用例 t 进行测试，记录测试结果（通过/失败）。

(3) 根据测试用例 t 的测试结果选择 T 中的下一条测试用例：若 t 的结果是通过，则选择与 t 测试用例海明距离①最大的用例进行测试；若 t 的结果是失败，则选择与 t 用例海明距离最小的用例进行测试。

---

① 海明距离：在信息编码中，两个合法代码对应位上编码不同的位数称为码距，又称海明距离。举例如下：10101 和 00110 从第一位开始依次有第一位、第四、第五位不同，则海明距离为3。

（4）将步骤（2）和步骤（3）中使用的用例从测试用例集 T 中移除。

（5）重复步骤（3），直到测试资源耗尽或满足测试结束准则。

自适应随机测试利用测试用例的聚集特性提高测试效率，其关键点在于寻找测试用例的聚集区域。常使用的计算测试用例距离的方法有海明距离、欧式距离等。这里以海明距离为例，指两个字符串之间对比比特位的取值，取值不同的比特位数目就是这两个字符串之间的海明距离。

在实际测试中，可以先根据软件规格说明分析获得决策表，然后将决策表转换为用 0 和 1 表示的布尔决策表，通过布尔决策表将测试用例转换成布尔表达式，再经过海明距离确定测试用例间的距离。在 4.3 节中已讲解了决策表的相关知识。当然，也可以通过其他方式映射测试用例间的差异。这里仅说明使用海明距离计算测试用例间距离的实例。

假设测试用例集中各用例的布尔表达如下，计算相应的海明距离。

```
test1 = 0 0 0 0 0 0 0 0
test2 = 1 1 1 1 1 1 1 1          //THM(test2)=8
test3 = 0 0 0 0 1 1 1 1          //THM(test3)=8
test4 = 1 1 1 1 0 0 0 0          //THM(test4)=16
```

由于 test2 与 test1 的每一比特位都不同，则 test2 相对于 test1 的海明距离为 8，记为 THM(test2)=8；test3 与 test1、test2 相比较（与此前的所有个体相比较计算码距），则 THM(test3)=8；test4 与 test1、test2、test3 相比较，THM(test4)=16。

5.5 变 异 测 试 *

变异测试

若当前使用的测试用例集未能检测到软件缺陷，则可能存在两种情形：一种是软件已满足预设需求，软件质量较高；另一种是当前测试用例设计不充分，不能有效检测到软件中的缺陷。如果是第 1 种情况，测试过程停止便可；若是第 2 种情况，则需要继续设计新的测试用例进行测试。因此，在未能检测到软件缺陷时判断当前测试是否充分是非常重要的。

前面的各种逻辑覆盖测试方法，从程序路径覆盖的角度评估软件测试充分性。然而，这些方法都不能直观地反映测试用例集的缺陷检测能力。

变异测试是评价已有测试用例集质量的方法，也称为变异分析，是对测试数据集有效性、充分性进行评估的技术，用于度量测试用例集的缺陷检测能力。在变异测试指导下，测试人员可以评价测试用例集的错误检测能力，创建缺陷检测能力更强的测试用例集。

5.5.1 变异测试概述

变异测试是一种基于故障注入的测试技术，将错误代码插入被测代码中成为变异程序,通过对比源程序与变异程序在运行同一测试用例集时的差异来评价测试用例集的缺陷检测能力。如果测试用例集无法发现注入的错误,则说明测试是不充分的,需要补充设计测试用例。

从面向代码的角度,变异测试理论上属于白盒测试范畴。

变异测试的主要目的是验证测试用例集的有效性。在注入变异后,测试用例能发现该错误,则表明用例有效;反之,表明测试用例无效,需要补充能"杀死"该变异体程序的测试用例。显然,测试用例发现的变异体越多,表明其质量越高。

变异测试在单元测试已经做得比较完备时才有其价值。MuJava 和 PITest 是常用的变异测试工具。

在变异测试过程中,一般利用与源程序差异极小的简单变异体来模拟程序中可能存在的各种缺陷。该方法的可行性主要基于两点假设:一是熟练程序员假设;二是变异耦合效应假设。熟练程序员假设关注熟练程序员的编程行为,而变异耦合效应假设关注变异程序的缺陷类型。

熟练程序员假设是指程序员由于开发经验丰富、编程水平较高,其编写的代码即使包含缺陷,也与正确代码十分接近。此时,针对缺陷代码仅需进行微小的修改即可使代码恢复正确。基于该假设,变异测试仅需对原程序进行小幅度的修改,即可模拟熟练程序员实际的编程行为。

变异耦合效应假设是指若测试用例能够"杀死"简单变异体,那么该测试用例也易于"杀死"复杂变异体。也就是说,若测试用例集能够"杀死"所有的简单变异体,则该测试用例集也可以"杀死"绝大部分的复杂变异体。该假设为在变异测试过程中仅考虑简单变异体提供了重要理论依据。

变异测试是一种缺陷驱动的软件测试方法,可以帮助测试人员发现测试工作中的不足,改进和优化测试用例集。然而,该方法的计算代价十分高昂。在变异测试时,测试人员会尽可能地模拟各种潜在错误场景,因而会产生大量的变异程序。编译、运行、验证这些变异程序会消耗大量计算资源,使其在软件版本迭代日益加速的当下难以应用。同时,变异测试要求测试人员编写或使用工具自动生成大量新的测试用例,以满足对变异体中缺陷的检测。验证程序的运行结果也是一个代价高昂并且需要人工参与的过程,这也影响了变异测试在生产实践中的应用。此外,如何快速有效地检测、去除原程序的等价变异程序,也是变异测试应用面临的重要挑战。

5.5.2　变异及变异体

变异测试涉及以下几个核心概念。

1. 程序变异

程序变异简称为变异,是指基于预先定义的变异操作对程序进行修改,进而得到原程序的变异程序(也称为变异体)的过程。程序变异可以理解为对源代码的任何更改,也可以理解为引入故障。变异是一种变更程序的行为,即使只是轻微的变更也可以被称为变异。变异操作应当模拟典型的软件缺陷,以度量测试用例对常见缺陷的检测能力。

2. 变异体

变异体可被理解为被测代码的变异版本,即已经在被测代码中注入变异的代码,全称为变异体程序。当测试用例在变异体版本的代码运行时,理论上该测试用例执行的结果应该与原被测代码执行的结果不同。

存活的(survived)变异体:变异注入的错误并不能被测试用例感知,这种情况称为变异体能够"存活",说明测试用例的有效性存在问题,无法发现变异体程序中的异常,需要对测试用例进行补充和修正。

杀死的(killed)变异体:在变异体上执行测试用例时发现与原程序结果不同,说明变异注入的错误能够被测试用例感知到,测试用例能够"杀死"此变异,说明此测试用例是有效的。

3. 变异算子

在符合语法规则的前提下,基于原有程序生成差别极小的变异体程序的转换规则,称为变异算子。程序变异需要在变异算子的指导下完成。

变异体程序与原程序之间需要存在极其微小的差别,这里强调极其微小,是因为如果差别较大时,程序运行结果可能难以预期,难以判断故障位置,也可能有耦合效应。为此,有如下的一阶变体、二阶变体的定义。

对于原程序,仅经过一次变异得到的变体称为一阶变体。同样地,二阶变体就是经过了两次简单变异得到的变体,以此类推。对一阶变体再进行一次一阶变更就可以得到二阶变体。也就是说,一个 n 阶变体可以由一个(n−1)阶变体进行一个一阶变更而得到。高于一阶的变体都被叫作高阶变体。

在实际中,使用最多的还是一阶变体。这是因为:一是高阶变体的数目远多于一阶变体的数目,大量的变体会影响充分性评价的可量测问题;二是涉及耦合效应①。

5.5.3 变异算子及设计

在符合语法规则的前提下,变异算子定义了从原有程序生成差别极小程序(即变异体)的转换规则。也就是说,对于原有程序,基于变异算子,生成变异体程序。确定了变异算子,就能够基于变异算子的规则自动化地生成变异体程序。

Offutt 和 King 于 1987 年首次定义了 22 种变异算子,如表 5-9 所示。这 22 种变异算子的设定为随后其他编程语言变异算子的设定提供了重要指导依据。为便于引用,为每个变异算子都赋予唯一一个名称。

> **素质培养**
>
> 如何高效地生成程序变异体呢?可以通过定义变异算子确定变异规则,有了明确的规则,就可以设计自动生成变异体的程序。在学习过程中,要培养工程化思维方式,明确规则和求解步骤,使问题能够转化为计算机可以执行的程序高效解决。

---

① 耦合效应也称为互动效应,联动效应。在群体心理学中,人们把群体中两个或以上的个体通过相互作用而彼此影响从而联合起来产生增力的现象,称为耦合效应。

表 5-9 经典的 22 种变异算子

序号	变异算子	描 述
1	AAR	用一数组引用替代另一数组引用
2	ABS	插入绝对值符号
3	ACR	用数组引用替代常量
4	AOR	算术运算符替代
5	ASR	用数组引用替代变量
6	CAR	用常量替代数组引用
7	CNR	数组名替代
8	CRP	常量替代
9	CER	用常量替代变量
10	DER	do 语句修改
11	DSA	data 语句修改
12	GLR	goto 标签替代
13	LCR	逻辑运算符替代
14	ROR	关系运算符替代
15	RSR	return 语句替代
16	SAN	语句分析
17	SAR	用变量替代数组引用
18	SCR	用变量替代常量
19	SDL	语句删除
20	SRC	源常量替代
21	SVR	变量替代
22	UOI	插入一元操作符

当用于语法正确的程序 P 时,一个变异算子就能产生 P 的一系列语法正确的变体。对 P 应用一个或多个变异算子,就能产生多种变体。表 5-10 和表 5-11 分别是经典的面向过程程序和面向对象程序的变异算子。

需要注意,一个变异算子可能会产生一个或多个变体,但也可能一个变体也产生不了。例如,名为 CRP 的变异算子通过常量替换来生成变异体程序,如果被作用的程序 P 中根本没有常量,则就不会生成任何变异体程序。

表 5-10 经典的面向过程程序的变异算子

变异算子	描 述
运算符变异	对关系运算符$<$、$<=$、$>$、$>=$进行替换,如将"$<$"替换为"$<=$"
	对自增运算符"++"或自减运算符"−−"进行替换,如将"++"替换为"−−"
	对与数值运算的二元算术运算符进行替换,如将"+"替换为"−"
	将程序中的条件运算符替换为相反运算符,如将"=="替换为"!="
数值变异	对程序中整数类型、浮点数类型的变量取相反数,如将"i"替换为"−i"
方法返回值变异	删除程序中返回值类型为 void 的方法
	对程序中方法的返回值进行修改,如将 true 修改为 false

表 5-11　经典的面向对象程序的变异算子

变异算子	描　　述
继承变异	增加或删除子类中的重写变量
	增加、修改或重命名子类中的重写方法
	删除子类中的关键字 super，如将 return a * super.b 修改为 return a * b
多态变异	将变量实例化为子类型
	将变量声明、形参类型改为父类型，如将 Integer i 修改为 Object i
	赋值时将使用的变量替换为其他可用类型
重载变异	修改重载方法的内容，或删除重载方法
	修改方法参数的顺序或数量

也可以自己设定变异算子。针对共性错误的经验数据可以作为变异算子设计的基础。变异算子设计的指导准则如下。

（1）语法正确性：一个变异算子必须产生一个语法正确的程序。

（2）典型性：一个变异算子必须能模拟一个简单的共性错误。

（3）最小性和有效性：变异算子的集合应该是最小且有效的集合。

（4）精确定义：必须明确定义变异算子的域和范围。变异算子的域和范围依赖具体的编程语言。

5.5.4　等价变异体

如果对于程序 P 的输入域中的每一个输入，变异体 M 的执行结果都与 P 的执行结果一致，则认为 M 等价于原程序 P，M 称为 P 的等价变异体。

分析下面代码进一步理解等价变异体。

```
原代码：for( int i=0 ; i<10; i++)          {//源程序 / /To-do …}
变异体 1：for( int i=0 ; i!=10; i++)        {//变异体 1/ /To-do …}
变异体 2：for( int i=0 ; i<10; i--)         {//变异体 2/ /To-do …}
```

其中，变异体 1 与原代码是等价的：都是 i 从 0 开始，经历 1,2,3,4,5,6,7,8,9 到 10，在原代码中，由于 10<10 返回 False，退出循环；在变体 1 中，由于 10!=10 为假，返回 False，也是退出循环。

【例 5-10】　写出下面程序 P 的变异体和等价变异体。

ProgramP	ProgramP′	ProgramM(等价变异体)

If (a>0 and b>0)
　　c=c/a
Endif
	If (a>0 or b>0)
	　　c=c/a
	Endif
		If (a>−1 and b>0)
		　　c=c/a
		Endif

上例中，P′为 P 的变异体，M 为 P 的等价变异体。

由于等价变异体与原程序在定义域下的输入中有相同的预期结果，所以在变异测试中，等价变异体是无用的。需要在生成变异体后删除等价变异体。

5.5.5 强变异和弱变异

在变异测试过程中,原程序与变异程序的运行差异主要表现为以下两种情形。

(1) 运行同一测试用例时,原程序和变异程序产生了不同的运行时状态。

(2) 运行同一测试用例时,原程序和变异程序产生了不同的运行结果。

根据满足运行差异要求的不同,可将变异测试分为弱变异测试(weak mutation testing)和强变异测试(strong mutation testing)。弱变异测试采用内部观察模式,在程序或其变异体各自执行时,对其各自状态进行观察,发现状态不同时即可判定为"杀死"而停止程序运行。强变异测试采用外部观察模式,即在程序结束后立即对其行为进行观察,主要观察程序返回值以及相关影响,包括全局变量值和数据文件的变化等。在强变异测试中,只有状态和结果都不同时才可认为变异程序被"杀死"。

显然,强变异测试更加严格,可以更好地模拟真实缺陷的检测场景。能够被强变异测试检测到的缺陷,一定可经由弱变异测试检测到该变体,反之则不然。然而,强变异测试需要完整地运行被测程序和变异体,这需要时间代价和算力。为优化变异体检测效率,提出了弱变异检测方式。

弱变异测试的优势在于,可以不完整地执行整个变体程序,从而提高了测试用例的检测效率,弱变异检测方式通过牺牲变异评分的精确性来提高变异分析效率。

在变异测试前,应当明确给出变异测试的类型,确定变异"杀死"的满足条件。不做特别说明时,传统所说的变异测试一般指强变异测试。

5.5.6 变异测试评价

变异得分(mutation score)是一种评价测试用例集错误检测有效性的度量指标,是基于测试用例发现变异体数量计算出来的分数,式(5-1)给出了变异得分的计算方法,其中 num_{killed} 表示被"杀死"的变异程序的数目,num_{total} 表示所有变异程序的数目,$num_{equivalent}$ 表示等价变异程序的数目。

$$score_{mutation} = \frac{num_{killed}}{num_{total} - num_{equivalent}} \tag{5-1}$$

变异得分的值介于 0 与 1 之间,数值越高,表明被杀死的变异程序越多,测试用例集的错误检测能力越强,反之则越低。当 $score_{mutation}$ 的值为 0 时,表明测试用例集没有"杀死"任何一个变异程序;当 $score_{mutation}$ 的值为 1 时,表明测试用例集"杀死"了所有非等价变异程序。在计算变异得分时不考虑等价变异体。

5.5.7 变异测试流程

基于变异测试思想,进一步梳理出变异测试的工作流程如下。

(1) 给定被测程序 P 和测试用例集 T。

(2) 根据被测程序特征设定一系列变异算子,在原有程序 P 上执行变异算子生成大量

变异测试流程

变异体程序。

（3）从大量变异体程序中识别出等价变体，并删去。

（4）在剩余的非等价变异体上执行测试用例集 T 中的测试用例。若可以检测出所有非等价变异体程序，则变异测试分析结束；否则，对未检测出的变异体程序，额外设计新的测试用例，并添加到测试用例集 T 中。

图 5-23 是变异测试检测测试用例集质量并根据变异测试的执行情况添加测试用例的流程。

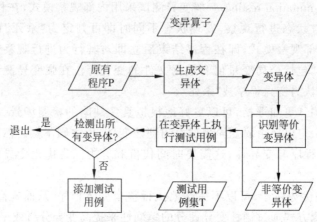

图 5-23　变异测试补充测试用例的流程

变异测试——
如何检测测试
数据质量

5.5.8　变异测试应用实例

【例 5-11】　给定被测程序段 P，及其初始测试用例集 T＝{t_1,t_2}，使用变异测试检测测试用例集 T 的质量，并根据变异测试的执行情况添加测试用例。

原程序 P：

原程序 P：
int fun(int x)
{
　if (x>=60)　return 1;
　else　return 0;
}
	测试用例集
	T＝{t_1,t_2}
	其中：
	t_1＝80
	t_2＝40

生成的变异体程序：

变异体程序 M_1：
int fun(int x)
{
　if (x<60)　return 1;
　else　return 0;
}
	变异体程序 M_2：
	int fun(int x)
	{
	　if (x>60)　return 1;
	　else　return 0;
	}
		变异体程序 M_3：
		int fun(int x)
		{
		　if (x>=60)　return 0;
		　else　return 0;
		}
			变异体程序 M_4：
			int fun(int x)
			{
			　if (x>=60)　return 1;
			　else　return 1;
			}

根据等价变异体的定义,本次没有生成等价变异体。

检验测试用例是否能杀死变异体程序,从表 5-12 中可以看出,t_1 和 t_2 都没能杀死变异体 M_2,因此补充能够杀死 M_2 的测试用例 t_3。

表 5-12 检验测试用例集质量并补充测试用例

测试用例		测试数据	是否杀死变异体			
		x	M_1	M_2	M_3	M_4
初始用例集 T	t_1	80	√		√	
	t_2	40	√			√
新增用例	t_3	60	√	√	√	

5.6 小 结

变异测试
小结

本章讲解了白盒测试中涉及的各种方法,重点是面向路径覆盖的各种逻辑覆盖测试方法。其中,基本路径集测试法也是一种逻辑覆盖测试方法。基于面向路径覆盖的测试知识,进一步介绍了自动化生成测试数据的基本思想和步骤,其中涉及路径表示法、插桩、变异测试等内容,为进一步深入研究测试用例的自动化生成、提高测试用例集质量提供了基础。

由于白盒测试中的逻辑覆盖测试,需要设计大量测试用例。因此,非常有必要利用自动化测试来提升测试效率和覆盖的可靠性。目前市场上已经有许多非常好的测试工具来帮助我们高效实施自动化的逻辑覆盖过程。我们也可以根据问题需要自行设计顺手的测试小工具。

再次强调,并不是覆盖越广的测试就一定能够发现更多的缺陷,更多时候,测试人员应该多注意抓住重点,根据算法的逻辑结构等特点,设计更多的有针对性的测试用例。例如,更多地关注循环覆盖(loop coverage)、竞争覆盖(race coverage),以及关系操作符覆盖(relational operator coverage)等。

5.7 习 题

1. 选择题

(1) 以程序内部的逻辑结构为基础的测试用例设计技术属于( )。

    A. 灰盒测试　　　　B. 数据测试　　　　C. 黑盒测试　　　　D. 白盒测试

(2) 以下不属于白盒测试技术的是( )。

    A. 逻辑覆盖　　　　B. 基本路径测试　　C. 循环覆盖测试　　D. 等价类划分

(3) 针对程序段{if(X>10) and (Y<20) then w=w/A},对于(X,Y)的取值,测试用例( )能够满足判定覆盖的要求。

    A. (30,15)(40,10)　　　　　　　　　　B. (3,0)(30,30)

C. (5,25)(10,20) D. (20,10)(1,100)

(4) 在用逻辑覆盖法设计测试用例时,下列覆盖中(　　　)是最强的覆盖准则。

    A. 语句覆盖　　　　B. 条件覆盖　　　　C. 判定-条件覆盖　　D. 路径覆盖

(5) 判定覆盖(　　　)包含条件覆盖,条件覆盖(　　　)包含判定覆盖。

    A. 不一定,不一定　　　　　　　　　　　B. 不一定,一定

    C. 一定,不一定　　　　　　　　　　　　D. 一定,一定

(6) 下列关于逻辑覆盖的说法中错误的是(　　　)。

    A. 满足条件覆盖并不一定满足判定覆盖

    B. 满足条件组合覆盖的测试一定满足判定覆盖、条件覆盖和判定/条件覆盖

    C. 满足路径覆盖也不一定满足条件组合覆盖

    D. 满足判定/条件覆盖同时满足判定覆盖和条件覆盖

(7) 对程序的测试最好由(　　　)来做,对程序的调试最好由(　　　)来做。

    A. 程序员,第三方测试机构　　　　　　B. 程序开发组,程序员

    C. 第三方测试机构,程序员　　　　　　D. 程序开发组,程序开发组

(8) 对于(A>1)or(B≤3),为了达到100%的条件覆盖率,至少需要设计(　　　)个测试用例。

    A. 1　　　　　B. 2　　　　　C. 3　　　　　D. 4

(9) 不属于逻辑覆盖方法的是(　　　)。

    A. 组合覆盖　　　B. 判定覆盖　　　C. 条件覆盖　　　D. 接口覆盖

(10) 在变异测试中,通过对比源程序与变异程序在运行同一测试用例集时的差异,来评价(　　　)的缺陷检测能力。

    A. 测试用例集　　　　　　　　　　　　B. 变异程序

    C. 变异测试　　　　　　　　　　　　　D. 变异体

2. 简答题

(1) 白盒测试中测试方法的选择有哪些策略?

(2) 什么是程序插桩?

3. 设计题

使用逻辑覆盖法测试以下程序段。

习题提示

```
1   void work(int x,int y,int z){
2     int k=0,j=0;
3     if((x>3)& & (z<10)){
4       k=x * y-1;
5       j=k-z;
6       }
7     if((x= =4) || (y>5)){
8       j=x * y +10;
9       }
10    j=j %3;
11    }
```

第 **6** 章 软件测试过程

软件测试过程可分为单元测试、集成测试、系统测试和验收测试,回归测试贯穿在整个测试过程中。也有观点认为,在集成测试之后、系统测试之后,有确认测试,用于确认系统满足需求分析文档中的各项要求。

(1)单元测试。在软件开发的早期阶段,开发人员会测试他们编写的代码,进行单元测试。单元测试对代码的基本单元、函数或对象进行测试,检查这些单元是否按照预期工作。它是在开发过程中最重要的和最基本的测试。

(2)集成测试。在单元测试之后,测试人员依据软件概要设计说明书,将多个经单元测试的模块组装后再次进行测试的过程。一般可定义为,根据实际情况将程序模块采用适当的集成测试策略组装起来,对模块之间的接口以及集成后的功能等进行正确性检验的测试工作。

(3)系统测试。集成测试完成后,测试人员将进行系统测试,它是整个软件测试过程的核心部分。系统测试的重点在于检测软件是否符合客户要求。

(4)验收测试。验收测试是在软件完成系统测试后,用户接收软件前进行的测试工作。在该阶段,测试人员测试软件是否满足用户实际需求,是否在用户环境中可行。

(5)回归测试。在修改了旧代码后,进行回归测试以确认修改没有引入新的错误或导致其他代码产生错误。回归测试作为软件生命周期的一个组成部分,在整个软件测试过程中占有很大的工作量比重,软件开发的各个阶段都会进行多次回归测试。

软件测试的各个阶段需要运用不同的技术和策略,以确保对软件进行全面、深入的测试,最终使软件质量得以保证。

本章理论知识枯燥繁杂,需要注意对各种测试的辨析,抓住知识主线。

对于本章具体的测试内容,需要在学习过程中思考如下问题。

> **素质培养** 学习"学习"的方法:对于繁杂的理论知识,如何抓住主线,梳理出重要知识点?

(1)该测试工作由谁做?

(2)具体测试什么内容?

(3)什么时候测试?

(4)要依据什么做测试?

(5)怎么测试?

(6)测试的原则是什么?

(7)测试要达到什么目标?

6.1　单 元 测 试

单元测试是在模块源程序代码编写完成之后进行的测试,是编程阶段最早开始的测试。单元测试是集成测试的基础,只有通过了单元测试的模块,才可以集成到一起进行集成测试。

由于在软件开发周期后期可能还会因为需求变更或功能完善等原因对某个程序单元的代码做改动,因此可以把单元测试看作一种活动,从详细设计开始一直贯穿于整个项目开发的生存周期中。通常,由开发人员进行单元测试,测试以白盒测试为主,辅以黑盒测试。

单元测试

6.1.1　单元测试的含义

"单元"是可以编译和执行的最小软件构件,也是绝不会指派给多个开发人员开发的软件构件。基本单元必须具备一定属性,有明确的规格说明定义和与其他部分接口的定义等,且能够清晰地与同一程序中的其他单元划分开。

在实际工作中,"单元"的概念与被测试系统的设计方法、采用的实现技术有关。

对于结构化程序,单元是指程序中定义的函数或子程序,但有时也可以把紧密相关的一组函数或过程看作一个单元。例如,如果函数 A 只调用另一个函数 B,那么在执行单元测试时,可以将 A 和 B 合并为一个单元进行测试。

对于面向对象的程序,单元是指特定的一个具体的类或相关的多个类,但有时候,在一个类特别复杂时,也会考虑把方法作为一个单元进行测试。

对于与面向对象软件关联密切的 GUI 应用程序,单元测试一般是在"按钮级"进行。

单元测试是针对软件设计的最小单位——程序模块,进行正确性检验的测试工作。其目标是验证单元内的编码是否可以按照其所设想的方式执行,符合预期的输入/输出及业务逻辑,并产生符合预期的结果,确保产生符合需求的可靠程序单元。在单元测试活动中,软件的每个单元应在与程序的其他部分相隔离的情况下进行测试。

单元测试一般由开发组在开发组组长的监督下进行。根据单元测试计划和测试说明文档中制定的要求,使用合适的测试技术,执行充分的测试。具体执行上,由编写该单元的开发人员设计测试用例,测试该单元并修改缺陷。此外,还需要记录测试结果和单元测试日志。通常,程序员在提交产品代码的同时也提交测试代码。

单元测试最好有专人负责监控测试过程,见证各个测试用例的运行结果。此人可以从开发组中选取,也可以由质量保证代表担任。同时,为了确保软件质量,测试部门可以对其测试工作做一定程度的审核。

单元测试可被看作编码工作的一部分延伸,程序员在编码的过程中同时考虑测试问题,将得到更优质的代码。

6.1.2 单元测试的内容

在单元测试中,测试人员根据详细设计规格说明和源程序清单,理解模块的 I/O 条件和逻辑结构,从以下 5 方面进行测试。单元测试的主要任务如图 6-1 所示。

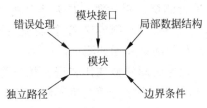

图 6-1 单元测试的主要任务

1. 模块接口测试

通过被测模块的数据流进行模块接口测试,检查进出模块的数据是否正确。模块接口测试必须在任何其他测试之前进行。

测试接口正确与否需要考虑以下因素。

(1) 调用被测模块时传送的实参与模块的形参在个数、顺序、属性和单位上是否匹配。

(2) 被测模块调用子模块(或桩模块)时,传送的实参与子模块(或桩模块)中的形参在个数、顺序、属性和单位上是否匹配。

(3) 调用预定义的标准函数时,传送给该函数的参数的个数、顺序、属性和单位是否正确。

(4) 在模块有多个入口的情况下,是否引用了与当前入口无关的参数。

(5) 是否修改了只读型参数(传值参数或常量参数)。

(6) 对全程变量的定义各模块中是否一致。

(7) 是否把某些约束作为参数传递。

如果模块内包括外部输入/输出,还应该考虑下列因素。

(1) 文件属性是否正确。

(2) open/close 语句是否正确。

(3) 格式说明与输入/输出语句是否匹配。

(4) 缓冲区大小与记录长度是否匹配。

(5) 在进行读写操作之前是否打开了文件。

(6) 在结束文件处理时是否关闭了文件。

(7) 输出信息中是否有文字性错误。

(8) 对 I/O 错误是否进行了检查并做了处理。

2. 局部数据结构测试

局部数据结构往往是错误的根源,对其检查主要是为了保证临时存储在模块内的数据在程序执行过程中的完整性和正确性。局部数据结构测试力求发现以下错误。

(1) 是否存在不合适、不正确或不一致的数据类型说明。

(2) 是否使用了未赋值或未初始化的变量。

(3) 是否存在错误的初始值或错误的默认值。

(4) 是否存在不正确的变量名(拼写错或不正确的截断)。

(5) 是否存在数据类型的不一致。

(6) 是否会出现数组越界(上溢或下溢)、非法指针和地址异常。

(7) 全局数据对模块是否存在使之不正确的影响。

3. 独立路径测试

对模块中所有独立路径进行测试。单元测试的基本任务是保证模块中每条语句和每个分支至少执行一次,检查由于计算错误、判定错误、控制流错误导致的程序错误。最常用且最有效的测试技术是基本路径集测试和循环测试。

常见的计算错误有运算符优先级理解或使用错误;混合类型运算错误(即运算的对象彼此在类型上不相容);变量初始化错误;运算精度不够;表达式符号错误;等等。

比较判定与控制流常常紧密相关。错误包括:不同数据类型的对象之间进行比较;错误地使用逻辑运算符或优先级;因计算机浮点表示的近似性,导致判断两个期望理论上相等而实际上不相等的量相等;关系表达式中不正确的变量和比较符;循环终止条件错误或不可能出现;不正确的多循环或少循环一次;迭代发散时不能退出;错误地修改了循环变量;等等。

4. 错误处理测试

一个好的设计应能预见各种出错条件,并进行适当的出错处理,即预设各种出错处理通路。出错处理是模块功能的一部分,这种带有预见性的机制保证了在程序出错时,对出错部分及时修补,并保证其逻辑上的正确性。错误处理测试主要检查内部错误处理实施是否有效,包括发现错误、处理错误的测试。常见的问题包括以下几个。

(1) 对错误的描述难以理解。

(2) 提供的错误信息不足,以致无法找到错误原因。

(3) 所报告的错误与实际遇到的错误不一致。

(4) 出错后,在错误处理之前就引起系统的干预。

(5) 对错误处理不得当。

5. 边界条件测试

边界条件是指程序中判断或循环的操作界限的边缘条件。边界条件测试是单元测试中最后也是最重要的任务,主要检查临界数据是否正确处理。边界条件测试涉及以下几个方面。

(1) 普通合法数据是否正确处理。

(2) 普通非法数据是否正确处理。

(3) 边界内最接近边界的(合法)数据是否正确处理。

(4) 边界外最接近边界的(非法)数据是否正确处理。

此外,还需要基于错误推测法设计测试用例,进行补充测试。

6.1.3　单元测试的环境

在单元测试活动中,每个单元应在与程序的其他部分相隔离的情况下进行测试。这个环境并不是系统投入使用后的真实环境,而是需要特别建立一个满足单元测试要求的环境。单元测试的环境如图 6-2 所示。

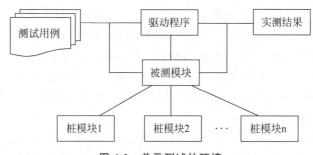

图 6-2 单元测试的环境

由于一个单元并不是一个独立的程序,在测试时需要同时考虑它与外界的联系。此时,需要用到一些辅助模块,来模拟与被测模块相联系的其他模块。一般把辅助模块分成驱动模块和桩模块两类。

(1) 驱动模块(driver)。相当于被测模块的主程序,用来模拟被测试模块的上一级模块。驱动模块接收数据,将相关数据传送给被测模块,启动被测模块执行其功能,并打印出实际测试结果。

(2) 桩模块(stub)。用于代替被测模块调用的子模块。桩模块可以进行少量的数据操作,不需要实现子模块的所有功能,但要根据需要实现或代替子模块的一部分功能。

一般来说,驱动模块和桩模块都要额外编写,但又并不需要作为最终产品提供给用户。若驱动模块和桩模块比较简单,实际开销相对会低些。特别是桩模块的编写,可能需要模拟实际子模块的功能而更耗时。为此,应尽量避免编写桩模块。

提高模块的内聚性可以简化单元测试,如果每个模块只完成一个功能,所需的测试用例数目将显著减少,模块中的错误也更容易发现。

在搭建测试环境时,最好同时考虑对测试过程的支持,如测试结果的统计、分析和保留,测试覆盖率的记录等。测试人员在构建单元测试环境时可借助测试工具,如面向 Java 语言开发的程序可借助 JUnit。

6.1.4 单元测试的策略

单元测试涉及的测试技术通常有针对被测单元需求的功能测试,用于代码检查和代码走查的静态测试、覆盖测试与路径测试,性能、压力或者可靠性等的非功能测试。单元测试大部分情况下使用白盒测试技术,黑盒测试为辅。

单元数量众多,还需要为单元测试选择适合的测试策略。单元测试的策略包括自顶向下、自底向上和孤立的单元测试。

1. 自顶向下的单元测试

自顶向下的单元测试是先对最顶层的基本单元进行测试,把所有调用的单元做成桩模块。然后再对第二层的基本单元进行测试,使用上面已测试的单元做驱动模块。以此类推,直到测试完所有基本单元。

优点:可以在集成测试前为系统提供早期的集成途径,并且在执行上,自顶向下的单元测试策略和自顶向下设计的详细设计说明的顺序是一致的,因此测试工作可以与详细设计和编码工作重叠进行。此外,自顶向下策略不需要开发驱动模块。

缺点：随着测试的进行，测试过程越来越复杂，开发和维护成本增加，并且由于需求变更或其他原因而必须更改任何一个单元时，就必须重新测试该单元下层调用的所有单元。此外，低层单元测试依赖顶层测试，无法进行并行测试，影响测试进度，甚至可能延长测试周期。

从成本角度，自顶向下的单元测试策略的成本要高于孤立的单元测试成本，因此不是最佳的单元测试策略。在实际工作中，通常先通过孤立的单元测试后，再使用此策略。

2. 自底向上的单元测试

自底向上的单元测试是先对最底层的基本单元进行测试，模拟调用该单元的单元作驱动模块。然后再对上面一层进行测试，用下面已被测试过的单元作桩模块。以此类推，直到测试完所有单元。

优点：不需要单独设计桩模块；并且无须依赖结构设计，可以直接从功能设计中获取测试用例。此外，自底向上的单元测试也可以为系统提供早期的集成途径。此方法不依赖于结构设计，在详细设计文档中缺少结构细节时，可以使用该测试策略。

缺点：随着单元测试的不断进行，自底向上的测试过程也会变得越来越复杂，测试周期延长，测试和维护成本增加，测试人员难以控制。越接近顶层的模块，其结构覆盖率就越难以保证。另外，由于顶层测试易受底层模块变更的影响，任何一个模块修改之后，直接或间接调用该模块的所有单元都要重新测试。由于只有在底层单元测试完毕之后才能进行顶层单元的测试，所以自底向上测试的并行性也不好。另外，自底向上的单元测试也不能和详细设计、编码同步进行。

自底向上的测试策略属于面向功能的测试，而非面向结构的测试。不适用于以高覆盖率为目标或者开发时间紧张的软件项目。

3. 孤立的单元测试

孤立的单元测试不考虑每个模块与其他模块之间的关系，分别为每个模块设计桩模块或驱动模块。每个模块进行独立的单元测试。

优点：方法简单、容易操作，所需测试时间短，可达到高的结构覆盖率。此外，由于不考虑各模块之间的依赖性，单元测试可以并行进行。如果在测试中增添人员，可以缩短项目开发时间。

缺点：不能为集成测试提供早期的集成途径，并且依赖结构设计信息，需要设计多个桩模块和驱动模块，增加了额外的测试成本。

总的来说，孤立的单元测试策略是比较理想的策略，有利于缩短项目开发时间。

以上3种测试策略各有优缺点。开发团队需要综合考虑实际情况，根据项目需求和功能模块特点，选择最适合的策略或者组合使用多种策略。例如，为有效减少开发桩模块的工作量，可以考虑综合自底向上测试策略和孤立测试策略。

例如，对下面小程序做单元测试，确定测试策略。

```c
void funcA(int a , int b) {
    if (max (a ,b)<0) printf(" All input values are negative numbers! \n");
    else printf("At least one of the input values is a zero or a natural number ! \n");
}
int max(int a , int b) {
    if(a >= b) return a;
    else return b;
}
```

为减轻桩模块工作量,采用自底向上的测试策略。先对 max()函数进行单元测试,然后直接使用 max()作桩模块来测试 funcA()函数。根据自底向上的测试策略,在测试 funcA()的时候是把 funcA()和 max()代码作为一个整体进行测试的,因此要求测试用例能够同时覆盖这两个函数。在此借鉴孤立测试策略,尽管直接使用了 max(),但仍把它理解为桩模块,因此在设计用例时,不关注 max()本身怎么执行,而只关注该桩要返回一个小于零和大于或等于零的值,以验证 funcA()能否在这两种情况下输出需要的信息。同时,在考虑覆盖率时也只需考虑 funcA()的覆盖率,不必考虑 max()的覆盖率。

6.1.5 单元测试的测试用例设计原则

在设计单元测试用例时,不能仅参照代码,还要考虑与被测代码对应的设计文档。

单元测试用例设计的依据是软件设计文档,即详细设计规格说明。对于单元测试,测试用例用来证明一个独立的单元是否实现了设计规范中的要求。一个完整的单元测试不仅要进行正向测试,即测试被测单元是否做了它应该做的事(满足设计规格说明的要求),同时还应该做逆向测试,即被测单元有没有做并不希望它做的事(即设计规格说明以外的事情)。通常,采用以下 6 个通用步骤指导完成测试用例设计。

1. 为系统运行设计用例

单元测试中的第一个测试用例最有可能是用最简单的方法执行被测单元。第一个测试用例需要正常执行,以便让测试者知道测试环境和被测试单元是可用的。如果运行失败,最好选择一个更简单的输入对被测单元进行测试/调试。

可使用的测试技术有规范导出法、等价类测试。

2. 为正向测试设计用例

设计者通读设计规格说明,使每一个测试用例都能针对设计规格说明中的一项或多项进行测试。当涉及不止一个设计规格说明时,最好使用工程化的思维方式,将测试方案中的测试用例序列与主要的设计规格说明中的描述顺序相对应。

可使用的测试技术有规范导出法、等价类测试、状态迁移测试[①]。

3. 为逆向测试设计用例

逆向测试的测试用例用来验证被测软件单元有没有做它不应该做的事。通常使用错误猜测法进行用例设计,根据经验判断可能出现问题的位置。

可使用的测试技术有错误猜测法、边界值测试、状态迁移测试。

4. 为满足特殊需求设计用例

根据被测软件情况考虑特殊需求,如考虑单元所在系统的性能、安全性、保密性等需求,在测试方案中需要标明用来进行安全及保密的测试用例。

可使用的测试技术为规范导出法。

5. 为代码覆盖设计用例

设计好的测试用例集来保证较高的代码测试覆盖率。

---

① 状态迁移测试是把软件若干种状态之间的转换条件和转换路径抽象出来,从覆盖所有状态转移路径的角度去设计测试用例,关注状态的转移是否正确。

可使用的测试技术有判定覆盖、条件覆盖、数据流测试①和状态迁移测试。

6. 为覆盖率指标完成设计用例

在被测试的代码中,可能包含复杂的判断条件、循环以及分支语句,覆盖率的目标有可能无法达到。此时,需要分析为什么没有达成覆盖率目标,常见的原因如下。

（1）不可能的路径或条件。应该在测试规格说明中加以标注,并解释该路径或条件没有被测试的原因。

（2）不可到达的或冗余的代码。正确的处理方法是删除这些代码。但这样容易出错,特别是使用了防卫式程序设计技术时,防卫性程序代码就不能删除。

（3）测试用例不足。需要设计更多的测试用例,并添加到测试说明中,以覆盖没有执行过的路径。

可使用的测试技术有判定覆盖、条件覆盖、数据流和状态迁移测试。

6.2 集 成 测 试

单元集成系统
测试的关系

6.2.1 集成测试的含义

集成测试也称为组装测试、联合测试、子系统测试或部件测试,是单元测试的逻辑扩展。它是在单元测试的基础上,依据软件概要设计书,将多个经单元测试验证的模块组装后再进行测试的过程。一般

> **素质培养** 体会单元测试与整个集成测试的关系,理解局部与整体的关系。每一个局部都要做好,才有好的整体效果。

可定义为:根据实际情况将程序模块采用适当的集成测试策略组装起来,对模块之间的接口以及集成后的功能等进行正确性检验的测试工作。

集成测试用于检测程序在单元测试时难以发现的问题,以确保各单元组合在一起后能够按既定要求协作运行。

在集成测试时,需要检查模块组装后其功能和业务流程是否符合预定要求。在集成测试开始之前,应确保测试对象所包含的程序模块全部通过单元测试。

通常,集成测试由项目负责人组织测试人员依据概要设计规格说明和集成测试计划进行。最简单的集成测试形式就是把两个单元模块集成或者说组装到一起,然后对它们之间的接口进行测试。当然,实际的集成测试过程并不这么简单,通常要根据具体情况采取不同的集成测试策略将多个模块组装成为子系统或系统,测试验证被测应用程序的各个模块能否以正确、稳定、一致的方式交互,即验证其是否符合软件开发过程中概要设计规格说明的要求。

集成测试与
正交试验法

由于集成测试对象所包含的程序模块必须经过单元测试,集成测试开始时间应在单元测试之后。然而在实际中,软件可能包含数量众多的程序模块,完成所有程序模块的单元测试工作耗时很长。可先针对已完成单元

---

① 数据流测试可被看作一种路径测试,主要关注在一条路径上变量在何处定义(赋值),在何处使用(引用)。程序员通过监视变量的定义和使用异常来分析源代码。

测试的程序模块开展集成测试工作,再针对后续完成单元测试的程序模块进行集成测试。因此,集成测试与单元测试是可并行工作的,如图 6-3 所示。

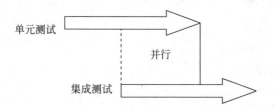

图 6-3 单元测试和集成测试的工作时间(可并行工作)

6.2.2 集成测试的过程

一个测试从开发到执行遵循一个过程,不同的组织对这个过程的定义会有所不同。根据集成测试不同阶段的任务,可以把集成测试划分为 5 个阶段:计划阶段、设计阶段、实施阶段、执行阶段、评估阶段,如图 6-4 所示。

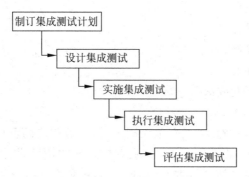

图 6-4 集成测试的过程

1. 计划阶段

在概要设计评审通过后,就要根据概要设计文档、软件项目计划时间表、需求规格说明书等制订适合本项目的集成测试计划。此阶段的工作具体如下。

(1)确定被测试对象和测试范围。

(2)评估集成测试被测试对象的数量及难度,即工作量。

(3)确定角色分工和划分工作任务。

(4)标示出测试各个阶段的时间、任务、约束条件。

(5)考虑一定的风险分析及应急计划。

(6)考虑和准备集成测试需要的测试工具、测试仪器、环境等资源。

(7)考虑外部技术支援的力度和深度,以及相关培训安排。

(8)定义测试完成标准。

2. 设计阶段

在软件详细设计开始时,即可着手开展集成测试设计工作。概要设计是集成测试的主要依据。此外,需求规格说明书、集成测试计划等也可作为辅助文档,用于设计集成测试方案。此阶段的具体工作如下。

(1) 被测对象结构分析。

(2) 集成测试模块分析。

(3) 集成测试接口分析。

(4) 集成测试策略分析。

(5) 集成测试工具分析。

(6) 集成测试环境分析。

(7) 集成测试工作量估计和安排。

3. 实施阶段

在集成测试实施阶段,须依据集成测试方案,在集成测试计划、概要设计说明书、需求规格说明书等文档的指导下,开展测试环境配置、测试脚本创建、测试用例生成等工作。

在配置集成测试环境时,须同时考虑集成测试所需的硬件设备、操作系统、数据库、网络环境、测试工具,以及软件运行所需的语言、解析器、浏览器等环境。此阶段的具体工作如下。

(1) 集成测试用例设计。

(2) 集成测试规程设计。

(3) 集成测试代码设计。

(4) 集成测试脚本开发。

(5) 集成测试工具开发或选择。

4. 执行阶段

在集成测试执行阶段,测试人员在单元测试后,按照相应的测试规程,借助集成测试工具,并把需求规格说明书、概要设计、集成测试计划、集成测试设计、集成测试用例、集成测试规程、集成测试代码、集成测试脚本作为测试执行的依据来执行集成测试用例。

通过运行测试用例和被测软件来实际运行集成测试。在测试过程中,须记录每个测试用例在运行软件时的状态和运行结果,生成集成测试日志,填写集成测试报告,最后提交给相关人员评审。

集成测试执行的前提条件是单元测试已经通过评审。

5. 评估阶段

在集成测试分析和评估阶段,测试者根据测试日志对测试结果进行分析和评估,用于检测软件中存在的问题。同时,测试者也应根据测试日志检测当前集成测试计划和设计中存在的不足,对集成测试的各个阶段进行调整。

最后,还需要召集相关人员,如测试设计人员、编码人员、系统设计人员等,对测试结果进行评估,确定是否通过集成测试。

6.2.3 集成测试缺陷类型

集成测试中常见的缺陷有接口缺陷、数据丢失、误差放大等。集成测试主要关注模块之间的接口和各个模块集成后实现的功能。在集成测试时,测试重点应放在如下几个方面。

(1) 各模块连接后,穿过模块接口的数据是否按照一致的节奏发送、接收和处理,而不会导致数据阻塞、丢失等。如有程序模块 A 和 B,A 负责发送数据,B 负责接收、处理数据。当 A 发送数据的速度远高于 B 处理数据的速度时,可能会造成数据阻塞或数据丢失,并大大延长系统整体的工作时间。

(2) 各模块连接后数据是否能按期望传递给另外一个模块。如有程序模块 A 和 B,其中 A 包含 3 个参数 str1、str2 和 str3,功能是将 str1 所包含的 str2 去除后保存到 str3 中。B 在调用 A 时误将 str1 和 str2 的位置写反,导致处理结果不正确。

(3) 各模块连接后是否存在单元测试时所没发现的资源竞争问题。例如死锁问题,程序模块 A 和 B 运行时均须利用资源 X 和 Y。在单元测试中,A 和 B 均可占用资源 X 和 Y,程序正常运行;然而在集成测试时,A 和 B 可同步运行,假设 A 已得到 X,正在等待申请 Y;B 已得到 Y,正在等待申请 X。此时,由于 A 和 B 均在等待对方已占有的资源,两者陷入死锁,导致程序无法正常运行。

(4) 全局数据结构是否正确,是否被不正常地修改或不一致。例如在成绩管理系统中,为便于数据输入,其输入模块可接收不同类型输入并默认保存为字符型,其统计模块为便于计算将数据默认为数值型。因此,在数据对接时可能存在数据不一致问题。

(5) 模块集成后,每个模块的误差是否会累计扩大,是否会达到不可接受的程度。如有模块 A 和 B,A 根据年利率计算单日利率 I_{day},B 根据单日利率 I_{day} 和金额、天数计算总利息 I_{all}。当年利率为 3% 时,若 I_{day} 保留 5 位小数,则 $I_{day} \approx 0.00008$;若 I_{day} 保留 7 位小数,则 $I_{day} \approx 0.0000822$。假设用户存款为 1 亿元,存期为 100d,在不同位小数下计算得到的利息分别为 80 万元和 82.2 万元,两者相差达 2.2 万元。

(6) 并发问题。对于并发程序,各个模块的处理次序存在不确定性。集成测试时要求各个模块同时运行,若对它们的运行顺序考虑不周,则容易出现同步错误、死锁等并发问题。如表 6-1 所示的某程序,包含购票模块 buyTicket 和退票模块 refundTicket。在单元测试时,两个模块可分别独立正常运行。在集成测试时,两个模块会同步运行。假设程序运行顺序为 $S_1 \rightarrow S_5 \rightarrow S_6 \rightarrow S_2$,当运行完 S_5 后,两个模块均从数据库中读取了相等的剩余票数 num_ticket;当运行完 S_6 后,退票结束,票数应当增加一张;当运行完 S_2 后,购票结束,票数应当减少一张。此时,程序运行结束后票数应当不变。然而,运行语句 S_2 时所使用的票数依然是退票前的票数。因此,程序运行结束后票数比正确票数少一张,出现错误。

表 6-1 集成测试的并发问题示例

运行顺序	程序语句	运行顺序	程序语句
S_0	void buyTicket{	S_4	void refundTicket(){
S_1	read(num ticket);	S_5	read(num ticket);
S_2	num ticket＝num ticket－1;	S_6	num ticket＝num ticket＋1;
S_3	}	S_7	}

此外,还需要考虑,分别通过单元测试的子功能模块集成到一起能否实现所期望的父功能;当连接一个模块后,该模块的功能是否会影响或破坏其他与之相关的模块的功能等。

6.2.4 集成测试策略

集成测试策略是指软件模块的集成方式。根据集成次数的不同,分为非增量式集成和增量式集成。对于增量式集成,又存在自顶向下、自底向上、三明治式等多种集成方法。在实际应用中,可以根据软件系统体系结构的层次特点,将多种集成测试策略结合起来应用。

1. 非增量式集成

非增量式集成是指软件中所有程序模块完成单元测试后,直接按照程序结构图组装起来,作为一个整体进行测试的过程。

非增量式集成具有集成次数少、测试工作量小等优点,并且不考虑构件之间的相互依赖性和可能存在的风险。同时,非增量式集成后的程序包含了软件所有的组件和功能,因此不需要驱动模块和桩模块。

非增量式集成示意图如图 6-5 所示,其中,模块 d1、d2、d3 是对各个模块做单元测试时建立的驱动模块,s1、s2、s3 是为单元测试而建立的桩模块。

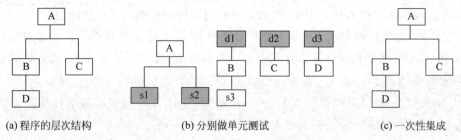

(a) 程序的层次结构　　　　　(b) 分别做单元测试　　　　　(c) 一次性集成

图 6-5　非增量式集成示意图

非增量式集成需要等待所有程序模块完成单元测试后才能进行,因此大大延长了集成测试的开始时间和错误发现时间。同时,当检测到错误时,在所有模块中定位缺陷位置也非常困难。此外,难以开展充分的、并行的测试也是非增量式集成的不足。

非增量式集成主要适用于以下 3 类软件系统。

(1) 软件规模小并且结构良好的软件系统。

(2) 只做了少量修改的软件新版本。

(3) 通过复用可信赖的构件而构造的软件系统。

2. 增量式集成

增量式集成测试策略是按照某种关系,先将一部分程序模块组装起来进行测试,然后逐步扩大集成范围,直到最后将所有程序模块组装起来进行测试的过程。

与非增量式的一次性集成相比,增量式集成可以更早、更充分地开展测试和发现错误,也更容易定位到缺陷位置。不可避免地,增量式集成所需的时间和工作量要远远超过一次性集成,而且增量式集成需要测试者编写驱动模块和桩模块。

增量式集成策略适合于大部分采用结构化编程方法编写的软件产品,且产品的结构相对比较简单,也适用于大规模、复杂的并发软件系统,以及增量式开发和框架式开发的软件系统。

在软件测试实践中,增量式集成较非增量集成更为普遍。其中,自顶向下集成和自底向上集成是两种典型的增量式集成方法。

1）自顶向下集成

自顶向下集成是指依据程序结构图，从顶层开始由上到下逐步增加集成模块进行测试的过程。在集成路径的选择上，还可以选择广度优先和深度优先方法来添加测试模块。自顶向下集成的具体步骤如下。

（1）以软件结构图的根节点作为起始节点，根据软件主控模块构建测试驱动模块。

（2）根据集成路径，选择添加一个或多个通过单元测试的同级或下级模块作为测试对象，并针对相关模块构建测试桩模块。

（3）针对测试对象开展测试，验证测试对象是否存在缺陷。

（4）重复步骤（2）和步骤（3），直至测试对象包含软件中的所有程序模块。

图 6-6 所示为自顶向下增量式集成过程。其中，图 6-6（a）为程序的层次结构，图 6-6（b）和图 6-6（c）分别对应深度优先和广度优先的自顶向下增量式集成过程。图中的集成顺序为自左到右，由上到下。

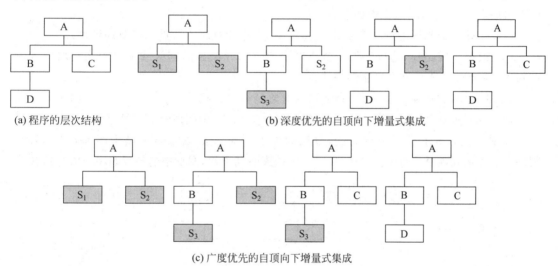

(a) 程序的层次结构　　　　　　　　(b) 深度优先的自顶向下增量式集成

(c) 广度优先的自顶向下增量式集成

图 6-6　自顶向下增量式集成示例

自顶向下的增量式集成具有以下优势。

（1）在测试过程中较早地验证了主要的控制和判断点。如果主要控制有问题，尽早发现能够减少以后的返工。

（2）如果选用深度优先的集成，可以首先实现和验证一个完整的软件功能，为其后的对主要模块的组装和测试提供保证。

（3）由于是从顶层构件开始集成测试，最多只需要一个面向顶层构件的驱动模块，减少了驱动模块开发的费用；并且只需要维护一个驱动模块，尽管也会遇到不可复用的问题，但维护工作量将小很多。

（4）由于和设计顺序的一致性，测试设计可以和软件设计并行进行，提高了效率。尤其是支持故障隔离，例如，假设 A 模块执行正确，但是加入 B 模块后测试执行失败，那么可以确定，要么 B 模块有问题，要么 A 和 B 间的接口有错误。

自顶向下的增量式集成存在以下不足。

（1）桩模块的开发和维护是本策略的最大成本，随着测试的进行，配置使用的桩模块数目增加,维护桩模块的成本也将急剧上升。

(2)底层构件中的一个无法预计的需求可能会导致许多顶层构件的修改,这可能会破坏部分先前构造的测试包。

(3)底层构件行为的验证被推迟了,并且随着底层模块的不断增加,整个系统越来越复杂,导致底层模块的测试不充分,尤其是那些被复用的模块。

有如下属性的产品,可以优先考虑自顶向下的集成测试策略:产品控制结构比较清晰和稳定;产品的高层接口变化比较小;产品的底层接口未定义或可能经常被修改;产品的控制模块具有较大的技术风险,需要尽早被验证;希望尽早看到产品的系统功能行为。

2)自底向上集成

自底向上集成是指依据程序结构图,从最底层开始由下到上逐步增加程序模块做集成测试的过程。自底向上集成是工程实践中最常用的集成测试方案。类似地,在集成路径的选择上,可以选择广度优先和深度优先方法来添加测试模块。

自底向上集成的具体步骤如下。

(1)以软件结构图的叶子节点作为起始节点,并针对起始节点构建驱动模块。

(2)根据集成路径,选择添加一个或多个通过单元测试的同级或上级程序模块作为测试对象,并针对测试对象构建驱动模块。

(3)针对测试对象开展测试,验证测试对象是否存在缺陷。

(4)重复步骤(2)和步骤(3),直至测试对象包含软件中的所有程序模块。

以图 6-7(a)所示程序结构为例,自底向上的增量式集成策略可以用图 6-7(b)表示,图 6-7(c)为集成顺序示意图。其中 d1、d2、d3 代表驱动模块,图形中的集成顺序为由左到右。

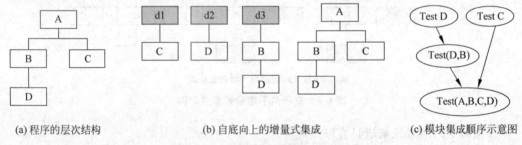

(a) 程序的层次结构   (b) 自底向上的增量式集成   (c) 模块集成顺序示意图

图 6-7   自底向上增量式集成示例

表 6-2 给出了自顶向下集成与自底向上集成的策略对比。

表 6-2   自顶向下集成与自底向上集成的策略对比

类别	自顶向下集成	自底向上集成
优点	减轻了驱动模块开发的工作量; 测试者可尽早了解系统框架; 可以自然做到逐步求精; 若底层接口未定义或可能修改,则可以避免提交不稳定的接口	底层叶子节点的测试和集成可并行开展; 底层模块的调用和测试较为充分; 减轻了测试桩模块开发的工作量; 测试者可以较好地锁定缺陷位置; 由于驱动模块模拟了所有的调用参数,即使数据流并未构成有向的非环状图,生成测试数据也没有困难; 适合于关键模块在结构图底部的情况

续表

类别	自顶向下集成	自底向上集成
不足	测试桩模块的开发代价较大； 底层模块无法预料的条件要求会迫使上层模块的修改； 底层模块的调用和测试不够充分； 在输入/输出模块接入系统之前，生成测试数据有一定困难； 测试桩模块不能自动生成数据； 若模块间的数据流不能构成有向的非环状图，一些模块的测试数据难以生成； 观察和解释测试输出比较困难	需要驱动模块； 高层模块的可操作性和互操作性测试不够充分； 在某些开发模式(如 XP 开发模式)上并不适用； 测试者不能尽早了解系统的框架； 时序、资源竞争等问题只有到测试后期才能被发现
适用情况	产品控制结构比较清晰和稳定； 产品的高层接口变化比较小； 产品的底层接口未定义或经常可能被修改； 产品的控制模块具有较大的技术风险需要尽早被验证； 希望尽早看到产品的系统功能行为	采用契约式设计[①](design by contract)的产品； 底层接口比较稳定的产品； 高层接口变化比较频繁的产品； 底层模块较早完成的产品

自底向上集成策略的优势在于以下几点。

(1) 允许对底层模块行为的早期验证，可在任一底层模块已经就绪的情况下进行集成测试。

(2) 在工作的最初可以并行进行测试和集成，使得自底向上的集成比使用自顶向下的策略效率高。

(3) 由于驱动模块是另外编写的，不是实际模块，因此对实际被测模块的可测试性要求比自顶向下的集成策略要小得多。

(4) 减少了桩模块的工作量(桩模块的编写工作量远比驱动模块工作量大得多)。当然，为模拟一些中断或异常，可能还会需要设计一定的桩模块。

自底向上集成策略存在如下不足。

(1) 驱动模块的开发工作量很大，不过可以通过提供对已测试构件的复用来降低这个成本。

(2) 对高层的验证被推迟到了最后，如果存在设计上的错误，就难以被及时发现，尤其不适用于那些控制结构在整个体系中非常关键的产品。

(3) 随着集成到了顶层，整个系统将变得越来越复杂，对于底层的一些异常将很难覆

---

① 契约式设计是在方法(或服务)的源程序中加入前置条件、后置条件和不变式的形式化方法。前置条件指明一个方法能够正确执行必须满足的条件，后置条件指明前置条件满足后方法正确执行后必须满足的条件，不变式指明方法中某些变量在执行时必须满足的条件。通常在方法满足上面条件的特定执行点上加入断言来判断条件满足与否。

盖,而使用桩模块将简单得多。

自底向上集成策略适合于采用契约式设计的产品,以及底层接口比较稳定、高层接口变化比较频繁或底层模块较早完成的产品。

3）三明治式集成

为避免自顶向下和自底向上集成测试各自的不足,并结合两者的优势,还可针对软件系统同时开展自顶向下、自底向上集成测试工作,这种方式称为三明治式集成。通过三明治式集成,可以减少部分驱动模块和测试桩模块的开发工作。

例如,在测试早期,使用自底向上集成方法测试少数的基础模块（函数）,同时采用自顶向下集成方法完成集成测试,即采用两头向中间推进的集成测试策略,并配合软件开发的进程。因为自底向上集成时,先期完成的模块将是后期模块的桩程序;而自顶向下集成时,先期完成的模块将是后期模块的驱动程序,从而使后期模块的单元测试和集成测试出现了部分交叉,大大降低了驱动程序和桩程序的编写工作量。三明治式集成测试方法如图 6-8所示,该测试方法能够保证每个模块得到单独的测试,使测试进行得更彻底。

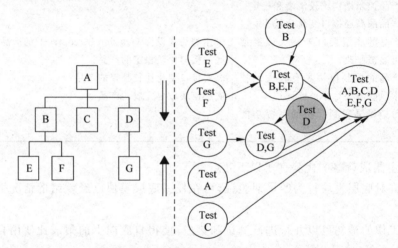

图 6-8　三明治式集成测试方法

3. 其他常用的集成策略

除上面介绍的常用策略之外,下面简略介绍持续集成、分层集成、基于功能的集成和基于进度的集成。此外,还有基于风险的集成、基于路径的集成、基于调用图的集成、客户/服务器集成、核心系统先行集成等。

1）持续集成

持续集成是指同步于软件开发过程,频繁不断地对已完成的代码进行集成的过程。持续集成一般在部分代码开发之后便开始集成测试工作,无须等待所有代码开发完毕。如图 6-9 所示,每次集成测试通过之后,即可得到一个产品基线。每当新代码达到一定的代码量之后,便会加入基线之中,并再次进行集成测试。

持续集成需要频繁地进行集成测试,工作量很大,难以完全依靠手工完成。因此,可在自动化集成测试工具的帮助下,设置合理的集成测试时间。例如,可在夜间开展集成测试工作,即开发团队白天开发代码,下班前提交代码;随后,夜间代码在测试平台自动地将新增代码与原有基线集成到一起以开展集成测试;最后,将测试结果发送到各个开发人员和

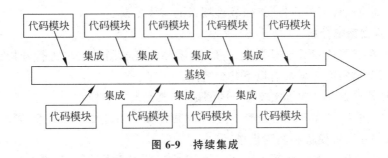

图 6-9 持续集成

测试人员的邮箱中。Java项目多采用JUnit＋Ant的自动化集成测试工具。

持续集成的不足之处在于测试包可能不能暴露深层次的、图形用户界面等缺陷。

2）分层集成

分层集成是指将软件划分为不同的层次,先对每个层次分别测试,然后再把各个层次组装在一起的过程。通过分层集成测试,可以有效验证软件系统的正确性、稳定性和可操作性。

在分层集成测试时,首先分析并划分待测软件系统的层次;其次确定每个层次内部的集成测试策略,按层分别进行测试;最后确定层次间的集成策略,并将多个层次组装起来进行测试。图 6-10 是具有明显程序结构的软件系统分层图。

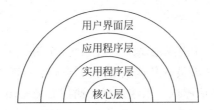

图 6-10 具有明显程序结构的软件系统分层图

3）基于功能的集成

基于功能的集成是从功能角度出发,按照功能的关键程度对模块的集成顺序进行组织。基于功能的集成采用增量式集成方法,尽早验证系统关键功能。

软件系统中各个功能的重要性是不同的,最重要的功能应当首先投入测试。该方法适用于关键功能具有较大风险的产品、技术探索型项目(其功能的实现远比质量更关键),以及对于功能实现没有把握的产品。

4）基于进度的集成

基于进度的集成是在兼顾进度和质量两者之间寻找均衡点。该集成的一个最基本策略就是把最早可获得的代码拿来立即进行集成,必要时开发桩模块和驱动模块,在最大限度上保持与开发的并行性,从而缩短项目集成的时间。

基于进度的集成的不足之处在于,可能最早拿到的模块之间缺乏整体性,只能进行独立的集成,导致许多接口必须等到后期才能验证,但此时系统可能已经很复杂,往往无法有效地发现接口问题。此外,桩模块和驱动模块的工作量可能会变得很庞大。由于进度原因,模块可能很不稳定且会不断修改,导致测试的重复和浪费。

基于进度的集成适用于开发进度优先级高于软件质量的项目,该策略具有比较高的并行度,能有效加快软件开发进度,缩短软件项目的总体工期。

4. 集成测试策略分析

为被测对象选择或设计合适的集成策略,需要对集成测试策略进行分析。一般来说,一个好的集成测试策略应该具有以下几个特点。

(1) 能够对被测对象进行比较充分的测试,尤其是对关键模块。

(2) 能够使模块与接口的划分清晰明了,尽可能减小后续操作的难度,同时使需要做的辅助工作量(如开发桩模块和驱动模块)最小。

(3) 相对于整体工作量来说,需要投入的集成测试资源大致合理,参加测试的各种资源(如人力、环境、时间等)能够得到充分利用。

6.3　系 统 测 试

系统测试(1)

6.3.1　系统测试基础

系统测试(system testing)是在软件开发的后期阶段,针对整个系统进行的一系列测试活动,旨在检验系统功能、性能、安全性、易用性、兼容性等方面是否符合用户和设计者要求。

1. 系统测试的含义

系统测试是将已经过良好集成测试的软件系统,作为整个计算机系统的一个元素,与计算机硬件、某些支持软件和人员等其他系统元素结合在一起,在实际运行环境下,对系统进行一系列的组装测试和确认测试。系统测试的测试对象是整个软件系统,其目的是确保系统的完整性和一致性,同时发现并解决可能存在的缺陷和问题。需要注意,系统测试的主要目标不再是找出缺陷而是确认其功能和性能。系统测试可以帮助开发人员和测试人员确认软件系统的质量并提高其可靠性、稳定性和安全性。

系统测试不再对软件的源代码进行分析和测试,而是通过与系统的需求规格说明进行比较,检查软件是否存在与系统规格不符合或与之矛盾的地方,以验证软件系统的功能和性能等满足其规格说明所指定的要求。系统测试属于黑盒测试范畴,测试设计人员主要根据需求规格说明书设计系统测试的测试用例。

系统测试与单元测试、集成测试的区别如下。

(1) 测试方法不同。系统测试主要是黑盒测试,而单元测试、集成测试主要属于白盒测试或灰盒测试的范畴。

(2) 考察范围不同。单元测试主要测试模块内部的接口、数据结构、逻辑、异常处理等对象;集成测试主要测试模块之间的接口和异常;系统测试主要测试整个系统相对于用户的需求。

(3) 评估基准不同。系统测试的评估基准是测试用例对需求规格说明的覆盖率;单元测试和集成测试的评估主要是代码的覆盖率。

(4) 测试人员不同。单元测试一般由开发人员直接测试,而集成测试和系统测试由测试组组长带队测试。

（5）测试依据不同。系统测试的依据是需求分析说明书或软件需求规格说明书；单元测试的主要依据是软件详细设计说明书；集成测试的主要依据是软件概要设计说明书。

（6）测试目标不同。系统测试的主要目标是确认其功能和性能，单元测试和集成测试的目标是找出软件缺陷以提高质量。

2．系统测试的过程

系统测试应该由测试组组长组织，测试分析员负责设计和实现测试脚本，以及设计测试用例，测试员负责执行测试脚本中记录的测试用例。完成系统测试后，需要提交系统测试输出的大量文档，包括测试结果记录表格、系统测试日志和全面的系统测试总结报告。

测试组组长要与负责管理 IT 设备的人员联系，搭建好系统测试的软、硬件平台；然后由测试组组长制订软件测试计划。此过程需要与开发人员多沟通。

系统测试还要有独立测试观察员监控测试过程。同时也可以找一个客户代表，非正式地观看测试过程。邀请客户代表参与系统测试可以与客户建立一个良好的沟通关系，显示被测系统的运行情况和面貌，也可以得到一部分反馈意见。

3．系统测试的原则

系统测试实际贯穿于整个软件开发周期，而不是仅在系统测试阶段才做的测试。

测试人员在项目初期基于第一版的系统需求、用户手册和系统原型，在系统实现前就可以对需求进行捕获和跟踪，根据这些文档构造最初的测试设计；在软件需求、规格需求不完善的情况下，根据系统概要设计和详细设计对系统测试设计方案以及测试用例进行适时的更新。

一些有利于做好系统测试的原则如下。

（1）所有测试都应追溯到用户需求。

（2）在测试工作真正开始之前，尽早开始测试计划。测试计划可以在需求规格一完成就开始，详细的测试用例可以在概要设计被确定后立即开始；所有测试应该在任何代码被产生前就进行计划和设计。

（3）系统缺陷应记入文档。测试结果必须被记录到缺陷跟踪数据库中，以形成关于缺陷的完整报告。可以利用测试工具实现合并和记录缺陷。

系统测试中包含多种测试活动，主要分为功能性测试和非功能性测试两大类。功能性测试通常检查软件功能需求是否与用户需求一致，包括功能测试、用户界面测试、安装/卸载测试、可适用性测试等；非功能性测试主要检查软件性能、安全性、健壮性，包括性能测试、压力测试、容量测试、兼容性测试、安装卸载测试、文档测试等。

6.3.2　功能测试

1．功能测试的含义

功能测试（functional test）是系统测试中最基本的测试，它不管软件内部设计和实现逻辑，主要根据产品的需求规格说明书和测试需求列表，验证一个软件系统的各个功能是否按照需求在预定条件下正常工作并符合用户期望。测试涉及的功能包括用户界面、数据处理、业务逻辑、设备兼容性等方面。

功能测试一般采用黑盒测试方法，是系统测试中最基本的测试，主要是为了发现以下几类错误。

（1）是否有不正确或遗漏了的功能。

（2）功能实现是否满足用户需求和系统设计的隐式需求。

（3）能否正确地接收输入，能否正确地输出结果。

对于软件功能中涉及用户界面的测试，采用链接或界面切换测试方法。

（1）测试所有链接是否按指示要求链接到了该链接的页面。

（2）测试所链接的页面是否存在。

链接测试保证 Web 应用系统上没有孤立页面，通常在整个应用系统所有页面开发完成之后进行链接测试。

下面以"用户界面"为例，说明功能测试。

（1）页面链接检查。每一个链接是否都有对应页面，并且页面之间的切换是否正确。

（2）相关性检查。检查删除/增加一项会不会对其他项产生影响。如果产生影响，这些影响是否都正确。

（3）按钮功能检查。检查如 Update、Cancel、Delete、Save 等功能是否正确。

（4）反向用例检查。输入项中的字符串长度、字符类型、标点符号等，检查是否符合规格说明要求，检查系统的反馈是否与规格说明一致。

（5）中文字符处理。在中文系统输入中文，看是否会出现乱码或出错。

（6）检查带出信息的完整性。在查看信息和更新信息时，查看所填写的信息是不是全部带出，带出信息和所添加的信息是否一致。

（7）信息重复。在一些需要命名且名字应该唯一的信息中输入重复的名字或 ID，看系统是否报错或做出正确处理。重名情况还要考虑是否区分大小写，以及在输入内容的前后输入的空格是否被滤掉等。

（8）删除功能检查。在一些可以一次删除多个信息的地方，不选择任何信息单击Delete 按钮，看系统处理是否出错；然后选择一个和多个信息删除，看是否正确处理。

（9）检查添加和修改是否一致。例如，添加中要求必填的项，在修改时该项也应该必填；添加规定为整型的项，修改时也必须为整型。

（10）检查多次使用后退（Backspace）键的情况。在可以后退的地方选择后退，回到先前的页面，再后退，重复多次，看是否会出错。

（11）搜索检查。在有搜索功能的地方输入系统中存在和不存在的内容，检索搜索结果是否正确。如果可以输入多个搜索条件，可以同时添加合理和不合理的条件。

（12）输入信息位置。注意在光标停留处输入信息时，光标和所输入的信息是否跳到别处。

（13）上传/下载文件检查。上传/下载文件的功能是否实现，上传文件是否能打开，对上传文件的格式有何规定，系统是否有解释信息，并检查系统是否能够做到。

（14）必填项检查。应该填写的项没有填写时系统是否都做了处理，对必填项是否有提示信息，如在必填项前加"＊"。

（15）快捷键检查。是否支持常用快捷键，如 Ctrl＋C、Ctrl＋V、Backspace 等，对一些不允许输入信息的字段，对快捷方式是否也做了限制。

（16）回车键检查。在输入结束后直接按回车键，检查系统是否正确处理。

2. 功能测试的方法

在功能测试时，首先根据产品需求规格说明书，分析出测试需求列表，明确待测试的具体功能；然后，设计相应的测试用例，执行测试，验证各个功能是否按照规格说明书的要求，在预定条件下正常工作并符合用户期望。

需求规格说明书是功能测试的基本输入。在做功能测试前，首先进行规格说明分析，明确功能测试重点。对需求规格说明的分析可分为以下几个步骤。

（1）对所有的功能需求（包括隐含的功能需求）加以标识。

（2）对所有可能出现的功能异常进行分类分析并加以标识。

（3）对所有标识的功能需求确定优先级，通常按照应用要求把软件功能分为关键功能和非关键功能；还可以根据功能测试工作量的大小，以及特定的约束指标（如风险等级）来决定对每个功能投入多少测试资源。

（4）对每个功能进行测试分析，分析其是否可测、采用何种测试方法、测试的入口条件、可能的输入、预期输出等。

（5）确定是否需要开发测试脚本或借助工具录制脚本。

（6）确定要对哪些测试使用自动化测试，对哪些测试使用手工测试。

常见的功能测试用例设计方法包括规范导出法、等价类测试、边界值测试、因果图测试、基于判定表的测试、正交实验设计法、基于风险的测试、错误猜测法。

在功能覆盖中，常用需求覆盖率和接口覆盖率度量功能覆盖的程度。

常用的自动化功能测试工具有 WinRunner、QARun、Rational Robot。这些工具能够代替部分测试过程。但测试工具只是单纯地执行测试脚本，虽然能保证每一条用例的完整执行，却不能发现测试用例之外的潜在问题。高级测试人员积累的大量经验，往往能在执行测试用例时发现自动化工具用例覆盖不到的地方，并检测出问题。

6.3.3　性能测试

性能测试（performance test）用来测试软件在系统中的运行性能。性能测试可以发生在测试过程的所有步骤中。一个单独的模块也可能需要测试性能，单独模块的性能可以使用白盒测试来评估。然而，只有当整个系统的所有成分都集成到一起之后，才能检查一个系统的真正性能。

广义上讲，性能测试包括负载测试、压力测试、容量测试、兼容性测试、可靠性测试等。狭义上讲，性能测试仅测试性能是否满足需求规格说明书中的要求。本书中的性能测试指狭义的性能测试。

1. 性能测试的含义

性能测试的目标是量度系统的实际性能水平与需求规格说明中规定的性能水平之间有多大差距，并把其中的差距文档化。性能测试通常在生产环境下模拟负载进行，以评估应用程序的响应时间、并发用户数、吞吐量等性能指标。通过性能测试发现导致效率降低和系统故障的原因。

性能测试的目的是验证系统是否达到用户提出的性能指标，发现系统中存在的性能瓶颈，进而起到优化系统的目的。具体包括如下方面。

（1）评估系统能力：测试中得到的负载和响应时间等数据可以被用于验证系统的能力，帮助做出决策。

（2）识别系统中的弱点：受控的负载可以被增加到一个极端水平并突破它，从而发现系统的瓶颈或薄弱的地方。

（3）系统调优：重复运行测试，验证调整系统的活动得到了预期结果，从而改进性能。

性能测试常常需要硬件和软件测试设备。外部测试设备可以监测执行的间歇，当出现情况（如中断）时记录下来。在某些情况下，甚至不得不自己开发专门的接口工具。市面上有些专门用于 GUI 或 Web 的性能测试工具，例如，Application Expert、Network Vantage、JMeter 等。

2. 性能测试的方法

在介绍性能测试方法之前，需要了解性能测试中的两种常见负载类型。

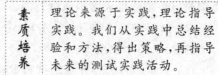

素质培养　理论来源于实践，理论指导实践。我们从实践中总结经验和方法，得出策略，再指导未来的测试实践活动。

（1）flat 测试。一次加载指定数量的用户进行测试，记录响应时间和吞吐量的值。精确地获得这些值的唯一方法是一次加载所有用户，然后在预定时间段内持续运行多次，取平均值。

（2）ramp-up 测试。使用户数量交错上升的测试，比如每几秒增加一些新用户，记录响应时间和吞吐量的值。由于用户是每次增加一部分，使系统的负载不断变化，所以 ramp-up 测试不能产生精确和可重现的平均值。ramp-up 测试的优点是：可以看出随着系统负载的改变测量值是如何改变的。可以根据 ramp-up 测试结果选择以后要运行的 flat 测试的范围。

对于企业级系统，性能测试方法有基准测试、性能规划测试、渗入测试和峰谷测试等。

1）基准测试

在性能测试中，常用的基准有响应时间、并发用户数、吞吐量和性能计数器等。

（1）响应时间：从应用系统发出请求开始，到客户端接收到最后一个字节数据所消耗的时间。需要根据用户具体需求确定响应时间可接受范围，避免由测试人员自己设定。

（2）并发用户数：同一时间段内访问系统的用户数量。

（3）吞吐量：单位时间内系统处理的客户请求数量，它可以直接体现软件系统的性能。

（4）性能计数器：用来描述服务器或操作系统性能的一些数据指标，用于对性能的监控和分析，尤其在分析系统的可扩展性时，需要进行系统瓶颈定位，此时对计数器取值进行分析。

基准测试的关键是要获得一致的、可再现的结果。假定测试的两个指标是服务器的响应时间和吞吐量，它们会受服务器上负载的影响。服务器上的负载受两个因素影响：同时与服务器通信的连接（或虚拟用户）的数目，以及每个虚拟用户请求之间的考虑时间的长短。这两个因素的不同组合会产生不同的服务器负载等级。

随着服务器上负载的增加，吞吐量会不断攀升，直到到达一个点，并在这个点上稳定下来。在某一点上，执行队列开始增长，因为服务器上所有的线程都已投入使用，传入的请求不再被立即处理，而是放入队列中，当线程空闲时再处理。当系统达到饱和点，服务器吞吐量保持稳定后，就达到了给定条件下的系统上限。随着服务器负载的继续增长，系统的响应时间也随之延长，吞吐量仍保持稳定。

2）性能规划测试

性能规划测试的目标是找出在特定环境下，给定应用程序的性能可以达到何种程度。例如，如果要以 5s 或更少的响应时间支持 8000 个当前用户，需要多少个服务器。

要确定系统的容量，需要考虑两个因素：用户中有多少是并发与服务器通信的；每个用户的请求时间间隔是多少。此外，还需明确以下两个问题。

（1）如何加载用户以模拟负载状态。最好的方法是模拟高峰时间用户与服务器通信的状况。如果用户负载状态是在一段时间内逐步达到的，选择使用 ramp-up 测试；如果所有用户是在一个非常短的时间内同时与系统通信，就应该使用 flat 测试，将所有用户同时加载到服务器。

（2）如何确定容量。首先使用 ramp-up 测试确定系统可以支持的用户范围，然后以该范围内不同的并发用户负载进行一系列的 flat 测试，更精确地确定系统容量。

3）渗入测试

渗入测试使用固定数目的并发用户测试系统的总体健壮性。通过内存泄露、增加的垃圾收集（GC）或系统的其他问题，显示因长时间运行而出现的任何性能降低。

通常建议运行两次测试：一次使用在系统容量之下的较低用户负载，以便不会出现执行队列；一次使用较高的负载，以便出现积极的执行队列。

4）峰谷测试

峰谷测试兼有容量规划 ramp-up 类型测试和渗入测试的特征，其目标是确定从高负载（如系统高峰时间的负载）恢复、转为几乎空闲，然后再攀升到高负载、再降低的能力。

6.3.4 压力测试与负载测试

压力测试（stress testing）与负载测试（load testing）的主要作用是评估软件或系统在不同负载下的性能和稳定性。压力测试是一种特定类型的负载测试。

压力测试与
性能测试对
比的理解

1. 压力测试与负载测试的含义

压力测试是通过对系统不断施加越来越大的负载，找到系统的瓶颈或者不能接受的性能点，来确定系统能提供的最大服务级别的测试。压力测试实际上是一种破坏性测试，用于测试系统的极限和故障恢复能力，也就是测试系统会不会崩溃，在什么情况下崩溃。它是在一定用户数的压力下来测试系统的反应。

系统测试（2）

在模拟软件系统中，压力测试通过逐渐增加访问量来考察系统的响应时间、CPU 的运行情况、内存的使用情况、网络的流量信息等各项指标信息，最终获得在性能可以接受的情况下，系统可以支持的最大负载量。

负载测试是通过逐步增加系统工作量，测试系统能力的变化，并最终确定在满足性能指标的情况下，系统所能承受的最大工作量的测试。可知，负载测试是在预期的负载情况下，测试软件或系统在长时间运行情况下的表现。主要通过模拟并发访问和多用户对系统进行操作，来测试软件或系统在正常使用场景下的性能表现和稳定性。

压力测试研究系统在一个短时间内活动处在峰值时的反应。它还容易同容量测试

(volume testing)混淆。容量测试的目标是检测系统处理大容量数据方面的能力。

2. 压力测试的方法

常用的压力测试方法包括重复测试、并发测试、量级增加和随机变化。

(1) 重复(repetition)测试就是一遍又一遍地执行某个操作或功能,如重复调用一个Web服务。使用重复时,在重新启动或重新连接服务之前,可以改变重复操作间的时间间隔、重复次数,或者改变被重复的Web服务的顺序。

(2) 并发(concurrency)测试就是同时执行多个操作的行为,即在同一时间执行多个测试线程。例如,在同一个服务器上同时调用许多Web服务。使用并发时,可以改变一起执行的Web服务、同一时间运行的Web服务数目。

(3) 量级(magnitude)增加就是压力测试可以重复执行一个操作,但是操作自身也要尽量给产品增加负担。例如,一个Web服务允许客户机输入一条消息,测试人员可以通过模拟输入超长消息来使操作进行高强度的使用,即增加这个操作的量级。量级的确定总是与应用系统有关,可以通过查找产品的可配置参数来确定量级。量级测试时,每次重复测试时都可以更改应用程序中出现的变量(如发送各种大小的消息或数字)。

(4) 随机变化是指对上述测试手段进行随机组合,以便获得最佳的测试效果。如果测试完全随机,将很难一致地重现压力下的错误,那么可以使用基于一个固定随机种子的随机变化。基于同一个种子的随机,重现错误的机会就会更大。

3. 压力测试与性能测试的区别

(1) 压力测试用来保证产品发布后系统能够满足用户需求,关注重点是系统整体。

(2) 性能测试可以发生在各个测试阶段,即使是在单元层,一个单独模块的性能也可以进行评估。

(3) 性能测试是检测系统在一定负荷下的正常能力表现,其性能指标是否符合规格说明要求;压力测试是测试极端情况下系统能力的表现,通过确定一个系统瓶颈,获得系统能提供的最大服务级别。

例如,对一个网站进行测试,模拟10~50个用户同时在线并观测系统表现,就是在进行常规性能测试;当用户增加到系统出现瓶颈时,如1000乃至上万个用户时,就变成了压力测试。

黑客常常使用压力测试的方法,让系统承担错误的数据负载,直到应用系统崩溃,然后在系统重新启动时获得访问权。

4. 压力测试的建议

压力测试通常能够发现主要的设计缺陷,这些缺陷会影响很多区域。所以压力测试应当在开发过程中尽早进行,避免开发早期可能很明显的细微的缺陷难以被发现。

对压力测试的建议如下。

(1) 进行简单的多任务测试。

(2) 在简单的压力缺陷被修正后,增加系统的压力直到中断。

(3) 在每个版本中循环重复进行压力测试。

(4) 压力测试应该尽可能逼真地模拟系统环境。

(5) 对于实时系统,测试者应该以正常和超常的速度输入要处理的事务,从而进行压力测试。

（6）批处理的压力测试可以利用大批量的批事务进行，被测事务中应该包括错误条件。

压力测试常用的测试用例设计方法有规范导出法、边界值测试、错误猜测法。

可用于压力测试的常用自动化测试工具有 LoadRunner、E-Test Suite、ACT、OpenSTA、PureLoad 等。其中，PureLoad 是一个完全基于 Java 的测试工具，它的 Script 代码完全使用 XML。测试包含文字和图形并可以输出为 HTML 格式文件，并可以通过 Java Beans API 来增强软件功能。

6.3.5 容量测试

系统的问题通常发生在极限数据量产生或临界产生的情况下，如造成磁盘数据丢失、缓冲区溢出等问题。容量测试的首要任务就是确定被测系统数据量的极限，即容量极限。这些数据可以是数据库所能容纳的最大值，也可以是一次处理所能允许的最大数据量等。

1. 容量测试的含义

容量测试（volume testing）是在系统正常运行的范围内，采用特定手段和测试系统能够承载处理任务的极限值所从事的测试工作。容量测试主要用于确定系统能够处理的数据容量。这里的特定手段是指，测试人员根据实际运行中可能出现的极限，制造相对应的任务组合，来激发系统出现极限的情况。

容量测试的目的是使系统承受超额的数据容量来发现它是否能够正确处理。通过测试，预先分析出反映软件系统某项指标的极限值（如最大并发用户数、数据库记录数等），确定系统在其极限值状态下是否还能保持主要功能正常运行。容量测试还将确定测试对象在给定时间内能够持续处理的最大负载或工作量。

对软件容量的测试，能让软件开发商或用户了解该软件系统的承载能力或提供服务的能力，如电子商务网站所能承受的、同时进行交易或结算的在线用户数。知道了系统的实际容量，如果不能满足设计要求，就应该寻求新的技术解决方案，以提高系统容量。有了对软件负载的准确预测，不仅能对软件系统在实际使用中的性能状况充满信心，同时也可以帮助用户经济地规划应用系统，优化系统部署。

当用户负载增加时，响应时间也缓慢增加，资源利用率几乎呈线性增长。图 6-11 中反映了资源利用率、响应时间与用户负载之间的关系，能够更清楚地说明如何确定容量极限值。可以看到，更多工作意味着需要更多资源。当资源利用率接近百分之百时，此时响应以指数曲线方式下降，这个点在容量评估中被称为饱和点。

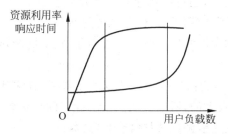

图 6-11 资源利用率、响应时间与用户负载数之间的关系

饱和点是指所有性能指标都不满足,随后应用发生恐慌的时间点。执行容量评估的目标是保证用户知道这个饱和点在哪,并且永远不要出现这种情况。在这种饱和点的负载发生前,管理者应优化系统或者适当增加额外硬件。

2. 容量测试的方法

与其他测试工作一样,容量测试的第一步也是获取测试需求,然后基于测试需求设计测试用例并执行。

测试需求主要来源于各种需求配置项,可能是需求规格说明书,或是由场景、用例模型、补充规约等组成的一个集合。容量测试需求来自测试对象的指定用户数和业务量,通常在需求规格说明书中的基本性能指标、极限数据量要求和测试环境部分。

常用的容量测试用例设计方法有规范导出法、边界值分析、错误猜测法。

需要注意,不能简单地说在某一标准配置服务器上运行某软件的容量是多少,不同的加载策略将反映不同状况下的容量。例如,网上聊天室软件的容量是多少? 在 1 个聊天室内有 1000 个用户和 100 个聊天室每个聊天室内有 10 个用户,同样都是 1000 个用户,在性能表现上可能会有很大不同,在服务器端的数据输出量、传输量更是截然不同。在更复杂的系统内,需要分别为多种情况提供相应的容量数据作为参考。

3. 容量测试与压力测试的区别

容量测试通常容易与压力测试混淆。二者都是检测系统在特定情况下能够承担的极限值。但两者的侧重点不同,压力测试主要是使系统承受速度方面的超额负载,例如一个短时间内的吞吐量。容量测试关注的是数据方面的承受能力,它的目的是显示系统可以处理的数据容量。

容量测试往往应用于数据库方面的测试。数据库容量测试使测试对象处理大量的数据,以确定是否达到了将使软件发生故障的极限。

> **素质培养**
>
> 软件测试中的很多概念都很相似,甚至采取的测试手段都相同,但目的不一样。我们细致辨析这些概念的含义,不是为了抠字眼,而是为了更好地理解测试目的,根据测试目的灵活地确定测试方法,理解每种测试关注的重点。

可以将压力测试看作容量测试、性能测试和可靠性测试的一种手段,不是直接的测试目标。

压力测试的重点在于发现功能性测试所不易发现的系统方面的缺陷,而容量测试和性能测试是要确定软件产品或系统的非功能性方面的质量特征,尤其是确定具体的特征值。

容量测试和性能测试更着力于提供性能与容量方面的数据,这些数据可为软件系统部署、维护和质量改进提供服务,还可以用于帮助市场定位、销售人员对客户的解释、广告宣传等服务,使用户经济地规划应用系统,优化系统的部署。

压力测试、容量测试和性能测试的测试方法相通,在实际测试工作中,往往结合起来测试以提高测试效率。

一般会设置专门的性能测试实验室完成这些工作,即使采用虚拟手段模拟实际操作,所需要的客户端有时还是很大的,所以性能测试实验室的投资较大。对于许多中小型软件公司,可以委托第三方完成性能测试,以降低测试成本。

6.3.6 安全测试

一个完善的系统要具备抵御非法或非正常途径的入侵者破坏系统正常工作的活动能力。一个软件系统需要对那些涉及敏感信息以及容易对个人造成伤害的信息实施必要的安全防范措施。

1. 安全测试的含义

安全测试(security testing)就是检查系统对非法侵入的防范能力,验证系统的保护机制能否抵御入侵者的攻击。

安全测试的测试人员在测试活动中模拟不同入侵方式来攻击系统的安全机制,想尽一切办法获取系统内的保密信息。通常需要模拟的活动有:通过外部手段获取系统密码;使用能够瓦解任何防守的客户软件攻击系统;独占整个系统资源,使得别人无法访问;有目的地引发系统错误,期望在系统恢复过程中侵入系统;通过浏览非保密数据,从中找到进入系统的钥匙等。

只要有足够的时间和资源,好的安全测试就一定能够侵入一个系统。只要攻破系统付出的代价大于攻破系统后得到的价值,从安全角度来说,系统设计者的任务就算达成。

软件安全性测试包括程序、数据库安全性测试。安全性一般分为两个层次,即应用程序级的安全性和系统级别的安全性。常见的安全性分类如下。

(1) 物理环境的安全性(物理层安全)。

(2) 操作系统的安全性(系统层安全)。

(3) 网络的安全性(网络层安全)。

(4) 应用的安全性(应用层安全)。

(5) 管理的安全性(管理层安全)。

从软件需具备的安全功能角度来看,常见的安全性测试功能如下。

(1) 系统的安全控制特性(如口令、存取权限、组设置等)是否正确工作。

(2) 是否能辨别有效口令和无效口令,无效口令能否拒绝接受并做出相应处理。

(3) 对于同一个无效口令出现多次,系统能否做出反应,并做出适当保护。

(4) 系统能否检测无效的或者有较大出入的参数,并做出适当处理。

(5) 系统能否检测无效的或者超出范围的指令,并对其做出恰当处理。

(6) 能否对错误和文件访问进行适当的记录。

(7) 系统变更过程中是否对其安全性措施进行详细记录。

(8) 系统配置数据能否正确地保存,如果系统出现故障,数据能否恢复。

(9) 系统配置数据是否可以正确地导入并正常使用。

(10) 系统初始的权限功能是否正确,各级用户的所属权限是否合理,低级别用户和高级别用户之间是否可以越权操作。

(11) 用户生存期是否受限,如果用户超时,能否提供相应的措施保护用户信息。

(12) 用户是否会自动超时退出,超时的时间是否设置合理,数据是否会丢失。

(13) 用户能否直接修改其他不属于自己的数据信息。

(14) 系统在远程操作或最大用户数量操作情况下能否正常执行。

（15）防火墙是否能被激活和取消激活。

（16）防火墙功能激活后是否对系统正常功能操作产生限制。

（17）防火墙功能激活后是否会引起其他问题。

2．安全测试的方法

1）功能验证

通常通过黑盒测试方法验证涉及安全的软件功能。如用户管理模块、权限管理模块、加密系统、认证系统等，验证安全功能是否有效，或有恰当的反应。

2）漏洞扫描

通常借助特定的漏洞扫描器工具完成漏洞扫描。漏洞扫描器是一种能自动检测远程或本地主机安全性弱点的程序。

3）模拟攻击试验

模拟攻击试验是一组特殊的黑盒测试案例，通过模拟攻击来验证软件或信息系统的安全防护能力。例如，在数据处理和数据通信环境中，进行冒充、重演、消息篡改等，还可以通过服务拒绝、内部攻击、外部攻击、陷阱门、侦听技术等进行模拟攻击。

安全性测试常用的测试用例设计方法有规范导出法、边界值测试、错误猜测法、基于风险的测试、故障插入技术。

在做安全性测试时，通常遵循以下步骤。

（1）危险与威胁分析：分析执行系统及使用环境中的风险和威胁。

（2）安全性需求定义：根据软件定位和规格说明，定义安全性需求，划分安全需求的优先级，安全性需求定义是一个反复的过程。

（3）设计安全性测试用例：面向安全需求定义，模拟安全行为，基于优先级设计安全测试用例，确定测试的顺序。

（4）执行安全性测试：执行测试用例，并使用适合的证据收集和测试工具。

（5）评估测试结果并报告：评估安全活动的可能性和影响，说明系统是否满足安全性需求。

3．常见的安全问题实例

下面从用户认证安全、系统网络安全、数据库安全等角度，列举常见的安全性问题。

1）用户认证安全测试

（1）明确区分系统中不同用户的权限。

（2）系统中会不会出现用户冲突。

（3）系统会不会因用户权限的改变造成混乱。

（4）用户登录密码是否为可见、可复制。

（5）是否可以通过绝对途径登录系统（如复制用户登录后的链接直接进入系统）。

（6）用户退出系统后是否删除了所有鉴权标记。

（7）是否可以使用后退键而不通过输入口令进入系统。

2）系统网络安全测试

（1）测试采取的防护措施是否正确装配好，有关系统的安全补丁是否已补上。

（2）模拟非授权攻击，看防护系统是否坚固。

（3）采用成熟的网络漏洞检查工具检查系统相关漏洞。

（4）采用各种木马检查工具检查系统木马情况。

（5）采用各种防外挂工具检查系统各组程序的外挂漏洞。

3）数据库安全测试

（1）系统数据是否机密（比如对银行系统，这一点特别重要）。

（2）系统数据是否完整性（数据不完整是否会导致系统功能实现出现障碍）。

（3）系统数据的可管理性。

（4）系统数据的独立性。

（5）系统数据可备份和恢复的能力，包括数据备份是否完整；是否可恢复，恢复后是否仍旧完整等。

4）SQL 注入攻击

SQL 注入攻击是黑客对数据库进行攻击的常用手段之一。很多程序员在编写代码时，没有对用户输入数据的合法性进行判断，使应用程序存在安全隐患。用户（黑客）可以提交一段数据库查询代码、URL、表格域或者其他动态生成的 SQL 查询语句来欺骗服务器执行恶意 SQL 命令，根据程序返回的结果，获得某些他想得知的数据，这就是所谓的 SQL Injection，即 SQL 注入。

SQL 注入攻击的基本原理是：从客户端合法接口提交特殊的非法代码，让其注入服务器端执行业务的 SQL 中，进而改变 SQL 语句的原有逻辑，影响服务器端正常业务的处理。

例如，对于一个用于控制 WebApp 入口的 Login 页面，用户想要进入时需要输入"用户名"和"密码"，负责用户登录处理的 Servlet 接收到请求后，查看数据表 usertable 中是否存在这个用户名和密码，如果存在，则让其进入；否则，拒绝。进行验证的 SQL 语句如下：

```
select count( * ) from usertable where name='用户名' and pswd='密码'
```

如果用户通过某种途径知道或者猜测出验证 SQL 语句的逻辑，他就有可能在表单中输入特殊字符改变 SQL 原有的逻辑，比如在名称文本框中输入"or '1'='1'"，在密码文本框中输入'1' or '1'='1'，SQL 语句将会变成：

```
select count( * ) from usertable where name='用户名' or '1'='1' and pswd='密码' or '1' or '1'='1'
```

很明显，or 和单引号的加入使得 where 后的条件始终是 true，原有的验证完全无效了。

SQL 注入是风险非常高的安全漏洞，这是由于 SQL 注入攻击的 Web 应用程序处于应用层，因此大多防火墙不会进行拦截。我们可以在应用程序中对用户输入的数据进行合法性检测，包括用户输入数据的类型和长度，同时，对 SQL 语句中的特殊字符（如单引号、双引号、分号等）进行过滤处理。除了完善应用代码外，还可以在数据库服务器端进行防御，对数据库服务器进行权限设置，降低 Web 程序连接数据库的权限，撤销不必要的公共许可；或使用强大的加密技术保护敏感数据，并对被读取走的敏感数据进行审查跟踪等。

5）缓冲区溢出

将数据写入缓冲区时，开发人员向缓冲区写入的数据不能超出其所能存放的数据容量。如果正在写入的数据量超出已分配的缓冲区空间，将发生缓冲区溢出。当发生缓冲区溢出时，会将数据写入可能为其他用途而分配的内存部分中。最坏的情形是缓冲区溢出的数据包含恶意代码，该代码随后被执行。缓冲区溢出在导致安全脆弱性方面所占的百分比很大。

6.3.7　用户界面测试

良好的外观、易于操作、功能合理都是软件能够实现商业利益的关键。在软件设计中，良好的人机界面设计越来越受到系统分析、设计人员的重视。软件界面设计强调既要个性张扬，又要实用。为了确保用户界面向用户提供了适当的访问浏览信息及方便的操作，就有了用户界面测试。

1. 用户界面测试的含义

进入开发测试阶段后，软件开发工程师和软件测试工程师通过对用户界面的操作来测试和验证软件用户界面的功能。用户界面(user interface, UI)测试，是对图形用户界面进行的测试。一般来说，当一个软件产品完成用户界面设计后，就确定了它的外观架构和用户界面元素。用户界面测试主要考虑正确性、可靠性、易用性、合理性、规范性、美观与协调性，以及安全性。

2. 用户界面测试的方法

用户界面测试也可以使用自动化测试工具，但由于对图形界面存在一些主观判断，手工测试也是必不可少的。

手工测试时，测试人员按照软件产品说明书设计测试用例，依靠人工敲击键盘或点击鼠标的方式输入测试数据，根据实际运行结果与预期结果的对比得出测试结论。

对于 UI 的自动化测试，通常是使用一种主要的自动化测试工具，并使用编程语言(如Java、C++等)编写自动化测试脚本来执行。专业测试人员设计的脚本可以在软件生命周期的各个阶段重复使用。UI 自动化测试工具可以分为以下三大类。

(1) 记录回放类。这一类测试不需要太多的计划、编程和调试。优点在于简单方便，缺点在于稳定性和兼容性差，同时由于缺少结果的验证部分，所以很难找出缺陷。通常用于已知缺陷的回归测试中。

(2) 测试用例自动化类。对于需要反复测试或在多种配置下重复测试的用例，对其执行过程进行自动化。这类自动化测试通常能够发现较多的缺陷，并且可以较好地与测试计划相协调。当前大中型软件企业主要使用这类自动化测试。

(3) 自动测试类。自动测试类是指自动生成测试用例并自动运行，其优点在于它的无限可能性，通常能发现手工测试极难发现的错误。一旦实现了这种自动化，其维护费用将大大低于前两类测试。不过，这类自动化测试的初期投入成本非常高，而且测试效果受其智能化程度的制约。

6.3.8　安装与卸载测试

安装与卸载测试用于验证软件或应用程序的安装、卸载处理过程是否正常。通常由软件测试人员参照安装手册或用户使用手册的步骤，执行具体的安装与卸载操作。在测试过程中，需要考虑操作系统、数据库、网络环境和硬件环境的不同情况，也要考虑是否会产生与其他软件产生冲突。

系统测试(3)及
作业讲解

1．安装测试

安装测试主要是测试系统能否正常地被安装。安装测试通常包括以下几个步骤。

（1）确定测试环境：包括硬件环境、操作系统、安装版本等，如找出系统将要发布的各种操作系统的类型。

（2）准备测试数据：包括安装文件、安装包、配置文件等。

（3）设计测试场景：模拟不同的安装场景，如快速安装、标准安装、自定义安装等。

（4）执行测试：在不同场景下进行安装测试，测试安装过程是否正常，安装是否成功，是否对系统环境产生影响等。

（5）分析测试结果：评估安装过程的性能和稳定性，以便修复和优化。

常见的安装活动包括以下几个步骤。

（1）从源主机上执行安装程序。

（2）登录目的主机，获得其环境信息。

（3）基于从用户环境和用户选择的安装选项（如完全安装、最小安装或者自定义安装）等处收集的信息，安装软件组件。

（4）解压缩文件（RAR 或 ZIP）。

（5）搜索或创建目录。

（6）复制应用程序可执行文件、DLL 文件或数据文件，检查目的主机上是否已有各文件的更新版本。

（7）复制共享文件（同其他应用共享），如 Windows 环境下将共享文件复制到 winnt\system32 目录下。

（8）创建注册表，填入有效注册表内容。

（9）改变注册项、INI 格式文件或者 BAT 格式文件。

（10）重新启动系统。

（11）启动数据库表、存储过程、触发器等。

（12）创建或更新配置文件。

在安装测试过程中，安装选项的处理常常需要花费较大代价。

2．卸载测试

卸载测试主要是测试系统能否正常被卸载。卸载测试通常包括以下几个步骤。

（1）确定测试环境：包括硬件环境、操作系统、应用程序或软件版本等。

（2）准备测试数据：包括卸载文件、卸载包、配置文件等。

（3）设计测试场景：模拟不同的卸载场景，包括正常卸载、异常卸载等。

（4）执行测试：在不同的场景下进行卸载测试，测试卸载过程是否正常，卸载是否彻底，是否对系统环境产生影响等。

（5）分析测试结果：评估卸载过程的性能和稳定性，便于未来的修复和优化。

常见的卸载活动包括以下几个步骤。

（1）删除目录。

（2）删除应用程序文件。

（3）删除应用程序的 EXE 格式文件和专用 DLL 格式文件。

（4）检查特定文件是否被其他已安装的应用程序使用。

（5）如果没有其他应用程序使用，删除共享文件。

（6）删除注册表项。

（7）恢复原有注册表项。

（8）通过添加/删除程序执行卸载。

安装与卸载测试可以帮助开发人员检查软件或应用程序的安装和卸载过程是否正常，并发现可能存在的性能和稳定性问题，以确保软件或应用程序的正确和完整性。

6.3.9　文档测试

在整个软件生命周期中，会产生许多文档，作为对阶段工作成果的总结，或是后面阶段工作的依据。通常认为，软件产品由可运行的程序、数据、文档和服务组成。文档也是软件的重要组成部分之一。好的文档能达到提高易用性和可靠性、降低技术支持费用的目的。需要通过文档测试改进系统的可用性、可靠性和可维护性。

1. 文档测试的含义

根据文档的作用不同，又可将软件文档分为用户文档、开发文档和管理文档。

（1）用户文档：用户手册、操作手册、维护修改建议等。

（2）开发文档：软件需求说明书、数据库设计说明书、概要设计说明书、详细设计说明书、可行性研究报告等。

（3）管理文档：项目开发计划、测试计划、测试报告、开发进度月报、开发总结报告等。

此外，还包括错误提示信息、用于演示的图像和声音、授权/注册登记表及用户许可协议、软件的包装、广告宣传材料等。

从测试工作的角度，文档大致分为两类：产品和工具。产品是供他人阅读和使用的文档，用户文档和开发文档属于文档产品；工具是测试小组的内部文档或测试人员的个人文档，目的是帮助测试人员更好地测试。

文档测试（documentation testing）主要测试文档产品，主要指对用户文档和开发文档（需求文档）的测试。非代码的文档测试主要检查文档的正确性、完备性和可理解性。

也可以从是否交付用户的角度，将文档分为交付给用户的用户文档和非交付用户文档。非交付用户文档又分为开发文档（需求文档）和测试相关文档。

（1）对需求文档来说，主要的测试内容是需求规格说明书、概要设计说明书和详细设计说明书。对于需求文档，需要尽早地提出问题以便产品人员尽早修正，避免开发人员直接将问题植入系统。

（2）对测试文档来说，主要的测试内容是测试过程产生的文档，如测试计划、测试用例以及测试报告等。

2. 用户文档测试

用户文档测试的对象包括安装手册、用户手册、联机帮助、示例与模板、错误提示、软件包装和市场宣传材料。

测试用户文档时，测试人员要假定自己是用户，按照文档中的说明进行操作。用户文档测试的重点不是在文字校对上，而是查找错误和问题，如功能错误、易用性问题、程序与手册的描述不一致等。

此外,还要考虑对描述风格的测试。如对于在线帮助文档的测试。通常,用户是在遇到困难时使用在线帮助。因此,在线帮助必须比用户手册更简洁,更切中要害,那些离题或令人困惑的信息最好不要在在线帮助中出现。

用户文档通常由对软件不了解的测试人员进行测试,着重检查使用过程中文档提供信息的准确性和易用性。

3. 开发文档测试

开发文档测试的对象包括软件需求说明书、数据库设计说明书、概要设计说明书和详细设计说明书。

需求文档测试主要验证需求文档的正确性、完整性和一致性。测试人员需要确保需求文档中的功能和性能要求清晰明确,并且没有冲突或遗漏。

设计文档测试主要验证软件设计文档的准确性和可理解性,包括测试设计文档中的系统结构、模块划分、数据流以及接口等方面的正确性和合理性。

测试文档是测试过程中产生的文档,包括测试计划、测试用例、测试报告等。测试人员也需要验证测试文档的完整性、清晰度和准确性,以确保测试过程可追溯、可重现,并且覆盖了所有的测试需求。

4. 文档测试方法

对于不涉及运行程序的非代码文档,主要是确保文档正确、完备、易理解;正确性是指软件的功能和操作描述正确,不允许文档内容前后矛盾。完备性是指文档内容完整,前后呼应,没有漏掉关键内容。易理解是要使用用户可理解的方式描述,很多内容对开发者可能是简单的,但对用户而言可能是难理解的。

素质培养

我们会本能地认为,对文档的测试是不需要运行程序的,只需要看文字就可以,但事实并非如此。文档的测试方法包括动态测试,需要验证软件运行结果与文档内容的一致性。这也提醒我们,要突破原有的认知,不固着,敢创新。

对于涉及运行程序的文档,应在运行程序的同时检查对应的文档,并保证文档内容与程序执行结果的一致性。

常用的用户文档测试方法可分为两大类:走查和验证。

走查是指只通过阅读文档,不执行程序就可完成的测试。具体方法包括文档走查、数据校对、边界值检查、标识符检查、标题及标题编号检查、引用测试、可用性测试。其中,引用错误是文档中最常出现的错误。

验证是指运行程序,对比文档内容与程序执行结果的一致性,具体方法有操作流程检查、链接测试、界面截图测试等。

6.4　验 收 测 试

在通过系统测试之后,开始系统的验收测试。在验收测试中,既要验收软件的功能和性能,也对软件的可移植性、兼容性、可维护性、错误的恢复功能等进行确认。

验收测试、众包兼职、因果图与边界值作业模板

6.4.1 验收测试的含义

验收测试(acceptance testing)是在软件产品完成了功能测试和系统测试之后、产品发布之前所进行的软件测试活动,是测试的最后一个阶段,是将程序与其最初的需求及最终用户当前需求进行比较的过程,也称为交付测试。

验收测试是以用户为主的测试。通常,由用户参加设计测试用例,使用用户界面输入测试数据,并分析测试的输出结果。一般使用生产中的实际数据进行测试。当然,软件开发人员和质量保证人员也应参加验收。

对于按合同开发的软件,通常由订购方(用户)进行验收测试,将程序的实际操作与原始合同进行对照。

需要注意,在被测应用的需求阶段就要考虑用户验收测试问题,如测试计划,测试需求的评审和用户代表的确定等。

此外,验收测试必须在实际用户运行环境中,由用户和测试部门共同执行,并编写正式的、单独的验收测试报告,以文档的形式提供验收测试报告作为验收测试结果的书面说明。

验收测试中涉及的人员及职责如下。

(1)一般在测试组的协助下由用户代表执行。验收测试由测试组组长监督,他负责保证在质量控制下和监督下使用适当的测试技术执行充分的测试。

(2)由一名独立测试观察员监控测试过程是非常重要的。独立测试观察员将正式地见证执行各个测试用例的结果。将扮演"保镖"的角色,以防止过度热情的测试人员试图说服或强制用户代表接受测试所真正关心的测试结果。

(3)独立观察员可以从质量保证小组中选出。

(4)测试组长将和开发组长联系,确定被测应用的开发进程以及被测应用可能的交付日期,以便进行验收测试。

6.4.2 验收测试的分类

验收测试分为用户验收测试和操作验收测试。

用户验收测试的目标是确认被测应用能满足业务需求,在将软件正式交付给最终用户之前,确保系统正常工作和使用。通常,用户验收测试是在测试组的协助下,由一个或多个用户代表进行测试。

操作验收测试的目标是确认被测应用满足其操作需求,确保系统正常工作可使用。操作验收测试通常在测试组的协助下由一个或多个操作代表执行。

二者的不同之处在于,操作验收测试是用于验证被测应用在操作和管理方面的情况。例如,更新后被测软件的安装,对被测软件及其数据的备份、归档和恢复以及注册新用户并为其分配权限等。用户验收测试用于验证被测软件符合其业务需求,并在正式提交给最终用户之前确认系统工作正常。

如果被测软件仅支持一些简单的系统管理功能,则用户验收测试与操作验收测试通常会合并为一个测试活动。

6.4.3 验收测试的前提

开始验收测试之前完成以下工作。

(1) 软件开发完成,并全部解决了已知软件缺陷。

(2) 验收测试计划已评审并批准,并置于文档控制之下。

(3) 对软件需求说明、概要设计、详细设计的审查已完成。

(4) 对所有关键模块的代码审查已完成。

(5) 对单元、集成、系统测试计划及报告的审查已完成。

(6) 所有测试脚本已完成并至少执行过一次且通过评审。

(7) 使用配置管理工具及代码置于配置管理控制之下。

(8) 软件问题处理流程已就绪。

(9) 已制定、评审并批准验收测试完成标准。

6.4.4 验收测试的策略

验收测试使用黑盒方法来验证高级的系统业务需求和操作需求。用户代表通过执行其在平常使用系统时执行的典型任务来测试被测软件。

常用的验收测试策略有正式验收测试、Alpha 测试(非正式)和 Beta 测试。

1. 正式验收测试

正式验收测试是系统测试的延续,其计划和设计的周密及详细程度不亚于系统测试。可以选择系统测试中所执行测试用例的子集进行测试,也可以通过自动化测试工具执行测试。

通常,由开发组织或其独立的测试组织与最终用户组织的代表一起执行验收测试,或者完全由最终用户组织执行,或选择人员,组成客观公正的小组来执行。

2. Alpha 测试(非正式)

Alpha 测试或 α 测试,是软件开发公司组织内部人员模拟各类用户行为,对即将面世的软件产品(α 版本)进行的测试。在 α 测试时,测试内容由各测试人员决定,具有更大的主观性,对测试过程的执行限定不严格。有些情况下,α 测试可以由最终用户组织执行。经过 α 测试调整的软件产品为 β 版本。

3. Beta 测试

Beta 测试或 β 测试,是指在产品发布到市场之前,邀请公司的客户(用户)参与产品的测试,通常是软件测试中的最后一步。此时,把软件产品有计划地分发到目标市场,从市场收集反馈信息,把反馈信息整理成易处理的数据表,再把这些数据分发给所涉及的各个部门。这些反馈回来的数据对于软件发布时机、软件质量、成本估算以及商业活动预测等具有重要作用。

在 β 测试时,除了测试标准的客户需求外,测试还包括可用性测试、功能测试、兼容性测试和可靠性测试。

β测试的所有测试参与者都应该是目标市场的一部分,只有这样,才能对产品的质量、功能和设计进行客观评价。测试候选人应该是最有可能购买该产品的人。β测试的参与者通常是自愿参加测试的,如一些人对新的、有创新的产品感兴趣,或者希望使用免费的产品,或是希望该产品能够帮助自己解决某些问题。

用户文档的创建是产品开发过程中最艰巨、最困难的一部分。文档评审也是一个必需的步骤,但这项工作非常耗时,测试参与者就是最有效的文档评审员,β测试参与者是这些正在编写的文档的用户,作为用户,他们对文档的观点直接影响用户文档的最终定稿。

β测试过程可以由一个人或一组工程师和营销人员共同完成。完整的β测试小组由下列成员构成。

(1)测试经理:负责设计和改善整个β测试过程的策略和进程。为了保证β测试正常运行,需要监督和管理各种测试人员、资源和预算。β测试经理既要有技术实力,又要有客户服务技巧,还要有一定的管理经验。

(2)β测试工程师:其任务是选择有一定技术背景、能够胜任β测试的测试参与者,和他们建立友好和谐的关系,并收集反馈信息。

(3)β测试协调员:主要处理如运输、软件复制、产品分发、物品整理等工作。

(4)β测试实验室管理员:负责β测试实验室设备的管理和维护。

(5)系统管理员:从因特网服务器、企业网服务器到电话系统,β测试过程需要 24×7 天的技术支持来从测试参与者那里收集最新信息。系统管理员就是负责操作和维护这一过程。

6.4.5 验收测试的测试用例选择

在验收测试中,通常由测试分析员选择系统测试脚本中一个有代表性的子集作为验收测试用例集,然后由用户代表执行测试,验证软件功能的正确性和需求的符合性。可以基于以下活动选择验收测试用例。

(1)与用户代表讨论。

(2)评审被测应用的需求,找出应该验证的特别重要的地方或功能。

(3)被测应用的可用性方面。

(4)系统文档,如用户手册。

(5)用户帮助机制,包括文本和在线帮助。

在选择验收测试用例时,通常考虑以下几方面。

(1)验收测试用例的覆盖范围应该只是软件功能的子集,要与软件需求规格说明书之间有可追溯性。

(2)测试应该是粗粒度、结构简单、条理清晰的,能为用户直观感知。

(3)要从客户使用和业务场景角度出发,迎合客户思维方式和使用习惯。

(4)要充分把握客户的关注点。

(5)可以展示某些独特功能,为软件增色。

6.4.6　众包测试*

1. 众包测试的含义

众包,是指一个公司或机构把过去由员工执行的工作任务,以自由自愿的形式外包给非特定的(而且通常是大型的)大众网络的做法。例如,通过网络做产品的开发需求调研等,能够以用户的真实使用感受为出发点。

基于众包的模式,众包可以面向广大具有时间和技能盈余的人们,提供类型丰富的认证任务,在为业务需求方提供个性化解决方案的同时,将社会大众的闲置时间和技能转化为经济价值。

众包的任务通常由个人来承担,但如果涉及需要多人协作完成的任务,也有可能以依靠开源的个体生产的形式出现。

众包测试(crowd sourced testing),简称众测,是一种软件测试的新兴趋势,利用众包和云平台的优势、有效性和效率,雇用不同地方的不同人员进行测试,使软件在不同的现实平台下进行测试。在众包测试过程中,测试任务可以通过互联网或移动设备进行传播,以便有兴趣和有能力的人参与测试并提交反馈。

2. 众包测试的流程

众包测试可以由企业内部进行,也可以由雇用的众测机构进行。众测流程包括规划、启动、执行、评估和决策。

(1)规划阶段。首先明确适用于本次升级功能的产品测试流程,确定预期目标;然后,确定测试人员应具备的技能和技术知识;接着规定测试的时间节点,同时确认开发后能够进行测试的时间;随后,向测试人员告知所需寻找的指标和待开发的缺陷报告结构;最后,将详细信息传达给测试负责人,并将开发团队纳入其中。可以通过专业平台或自行招聘众测人员。

(2)启动阶段。在规划完成后,设计不同的测试场景并设置各种技术或功能配置;然后,向测试人员授予对测试环境的访问权限。如果使用云平台,则提供安全详细信息和所需的所有应用程序;最后,模拟测试流程并确保其顺利运行。

(3)执行阶段。向测试人员说明执行方法并开始测试流程;然后,耐心等待测试人员完成测试。

(4)评估和决策阶段。汇总所有数据和报告并进行审查。审查所有收集的数据并采取必要的行动,同时可以评估测试团队的表现。

最后,对于复杂的结构,可以重复测试周期,再次雇用测试人员,并根据过去的测试经验对招聘流程进行修改。

3. 适用场景

众包测试是新兴的测试方式,能够真实地从用户角度对待测应用进行测试,近年来在工业软件的质量保障中起到了重要作用。

当软件更以用户为中心时,且具有不同的用户空间时,可以考虑采用这种测试方法。此外,当很难找到专家进行特定测试,或当公司缺乏内部执行测试的资源或时间时,通常也采用众包测试。

众包测试特别适用于大规模测试、异构环境测试和用户体验测试等场景,它可以帮助开发人员快速发现缺陷、提高软件质量、减少测试费用;并且终端用户参与测试与反馈,将能更好地提高产品的可用性和用户满意度。

目前的游戏和移动应用程序通常会采用众包测试。

在众包测试领域,需要探索的问题包括如何有效地分解测试任务、如何高效地处理收集到的海量众测报告等。当然,众测过程中的人员选择与组织也是关系其测试效果的重要因素。

6.5　回　归　测　试

回归测试与
部分复习

回归测试是在软件变更之后,对软件重新进行的测试。回归测试的目的是检验对软件进行的修改是否正确,保证由于测试或者其他原因的改动不会带来不可预料的行为或其他错误。软件修改的正确性是指:所做的修改达到了预定目的,如错误得到改正,能够适应新的运行环境等;不影响软件的其他功能的正确性。

选择正确的回归测试策略,对于改进回归测试效率、提高测试有效性具有重要意义。自动回归测试将大幅降低系统测试、维护升级等阶段的成本。

6.5.1　回归测试的含义

回归测试(regression testing)是指在对软件进行修改、更改或升级后,测试人员通过重新执行已经测试过的测试用例,以保证修改或升级过程中没有引入新的缺陷或导致原有缺陷的再次出现的测试过程。

回归测试可以帮助开发人员在修改软件之后及时发现可能对系统产生影响的部分,避免因改动而带来新的问题,并帮助团队以高效的方式维护和升级软件。

回归测试作为软件生命周期的一个组成部分,在整个软件测试过程中占有很大的工作量比重,软件开发的各个阶段都会进行多次回归测试。回归测试与其他测试类型(如单元测试、集成测试和系统测试)一起进行,以确保软件质量,减少软件故障和用户投诉。

还有一种看法,是基于发现的软件错误数量对测试阶段进行的划分,可分为初测期、细测期和回归测试期。在集成测试过程中,有两个重要的里程碑,分别是功能冻结和代码冻结。这两个里程碑界定出回归测试期的起止界限。

(1)功能冻结(function/feature freeze)是指经过测试,软件功能符合设计要求,确认系统功能和其他特性均不再做任何改变。

(2)代码冻结(code freeze),理论上是指在无错误时冻结程序代码。但实际上,代码冻结只标志系统的当前版本的质量已达到预期要求,冻结程序的源代码,不再对其做任何修改。

图 6-12 所示为基于程序出错数量的测试时期划分。在功能冻结之后,代码冻结之前的阶段,属于回归测试期。这个代码冻结的里程碑是设置在软件通过最终回归测试之后的。由图可知,在回归测试期,软件出错的数量应该是较少的。

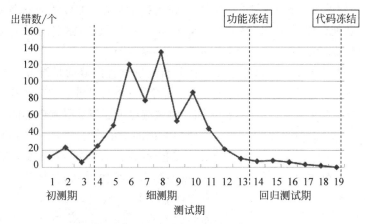

图 6-12　基于程序出错数量的测试时期划分

在渐进和快速迭代开发中,新版本的连续发布使回归测试进行得更加频繁,而在极端编程方法中,更是要求每天都进行若干次回归测试。

6.5.2　回归测试用例选择

基于回归测试的含义和目的,可以确定回归测试会重复以前的全部或部分测试。可将回归测试的测试用例分为以下三类。

(1) 能够测试软件的所有功能的代表性测试用例。

(2) 专门针对可能会被修改影响的软件功能的附加测试。

(3) 针对修改过的软件部分的测试。

如何获得这些测试用例,是需要思考的问题。这就需要了解对测试用例的管理。

通常,在软件开发过程中,项目的测试组会将所开发的测试用例保存到"测试用例库"中,并对其进行维护和管理,以便所有的软件功能和性能能够被完整地测试。当得到一个软件的基线版本时,用于基线版本测试的所有测试用例就形成了基线测试用例库。在需要进行回归测试时,可以根据所选择的回归测试策略,从基线测试用例库中提取合适的测试用例组成回归测试包,通过运行回归测试包来实现回归测试。

保存在基线测试用例库中的测试用例可能是自动测试脚本,也有可能是测试用例的手工实现过程。

时间和成本约束使每次回归测试都重新运行完整的测试包是不切实际的。为此,需要选择恰当的回归测试用例集(回归测试包)。

常用的选择回归测试用例的方法如下。

(1) 再测试全部用例。这是安全的方法,具有最低的遗漏回归错误的风险,但测试成本最高。

(2) 基于风险选择测试用例。基于一定的风险标准来从基线测试用例库中选择回归测试包。运行最重要的、关键的和最可疑的测试,跳过那些非关键的、优先级别低的或者高稳定的测试用例。

(3) 基于操作剖面选择测试用例。如果基线测试用例库的测试用例是基于软件操作剖面开发的,测试用例的分布情况反映了系统的实际使用情况。可以优先选择那些针对最重要或最频繁使用功能的测试用例,释放和缓解最高级别的风险,这种方法可以在一个给定的预算下最有效地提高系统可靠性,但实施起来有一定难度。

(4) 再测试修改的部分。可以通过相依性分析识别软件的修改情况并分析修改的影响,将回归测试局限于被改变的模块和它的接口上。通常,一个回归错误一定涉及一个新的、修改的或删除的代码段。在条件允许的情况下,回归测试应尽可能覆盖受到影响的部分。

科研入门
如何选择一个缩减的回归测试包来完成回归测试?这就涉及测试用例集的约减问题,如基于聚类的约减、基于多目标的约减等。

回归测试的价值在于它是一个能够检测到回归错误的受控实验。当测试组选择缩减的回归测试时,有可能删除了将揭示回归错误的测试用例,消除了发现回归错误的机会。因此,如何选择一个缩减的回归测试包,决定删除哪些测试用例而又不会让回归测试的意图遭到破坏,是值得研究的问题。

6.5.3　测试用例库的维护

由于不断修改和推出新的软件版本,测试用例库中的一些测试用例可能会失去针对性和有效性,另一些测试用例可能会变得过时,还有一些测试用例将完全不能运行。为保证测试用例库中测试用例的有效性,必须对测试用例库进行维护,如删除过时或不能运行的测试用例,同时追加新的测试用例来测试新增的功能或特征。

测试用例集的维护是一个不间断的过程,通常可以把软件开发的基线作为基准,对相应的基准测试用例集进行维护,具体包括如下方法。

(1) 删除过时的测试用例。

(2) 改进不受控制的测试用例:一些对输入或运行状态十分敏感的测试用例,其测试结果可能是不容易复现或结果难以控制,需要对其进行改进,使其达到结果可重现和可控制的要求。

(3) 删除冗余的测试用例。

(4) 增添新的测试用例。

测试用例库的维护不仅改善了测试用例的可用性,也提高了测试库的可信性,能够将一个基线测试用例库的效率和效用保持在一个较高的级别上。

6.6　小　　结

本章按软件测试的阶段,分别介绍了单元测试、集成测试、系统测试和验收测试,此外还介绍了贯穿整个测试过程的回归测试。其中,系统测试中又包括功能测试、性能测试、压力测试、容量测试、安全测试、界面测试、安装与卸载测试和文档测试。事实上,如果细分,还有可靠性测试、兼容性测试、健壮性测试、易用性测试、构件测试、极限测试等。

通过本章的学习,读者可掌握各测试阶段的基本含义及测试策略,具备进行相关测试的基本素质。

6.7 习　　题

1. 选择题

(1) 软件测试是软件质量保证的重要手段,(　　)是软件测试最基础的环节。

　　A. 功能测试　　　　B. 单元测试　　　　C. 结构测试　　　　D. 确认测试

(2) 下列中能作为设计阶段测试对象的文档是(　　)。

　　A. 逻辑设计规格说明　　　　　　　B. 外部设计规格说明

　　C. 内部设计规格说明　　　　　　　D. 以上全对

(3) 一个好的集成测试策略应该具有的特点是(　　)。

　　A. 能够使模块与接口的划分清晰明了,尽可能减少后续操作难度

　　B. 能够对被测模块进行比较充分的测试

　　C. 对整体工作量来说,参加测试的各种资源都能得到充分利用

　　D. 以上全对

(4) 下列说法中错误的是(　　)。

　　A. 模块在进行集成测试前必须已经通过单元测试

　　B. 软件集成测试应测试软件单元之间的所有调用

　　C. 软件集成测试一般采用黑盒测试

　　D. 软件集成测试应由软件提供方组织实施,不得委托第三方进行测试

(5) 下列测试中能够与软件开发各个阶段(如需求分析、设计、编码)相对应的是(　　)。

　　A. 集成测试、确认测试、单元测试

　　B. 单元测试、集成测试、确认测试

　　C. 单元测试、确认测试、集成测试

　　D. 确认测试、集成测试、单元测试

(6) 单元测试的测试对象是(　　)。

　　A. 系统　　　　B. 程序模块　　　　C. 模块接口　　　　D. 系统功能

(7) 单元测试时用于代替被调用模块的是(　　)。

　　A. 桩模块　　　　B. 通信模块　　　　C. 驱动模块　　　　D. 代理模块

(8) 单元测试的主要任务不包括(　　)。

　　A. 出错处理　　　B. 全局数据结构　　　C. 独立路径　　　D. 模块接口

(9) 下列关于 Alpha 测试的描述中正确的是(　　)。

　　A. Alpha 测试需要用户代表参加

　　B. Alpha 测试不需要用户代表参加

　　C. Alpha 测试是系统测试的一种

　　D. Alpha 测试是回归测试的一种

(10) 对于软件的 Beta 测试,下列描述中正确的是(　　　)。

　A. Beta 测试是在软件公司内部展开的测试,由公司的专业测试人员执行

　B. Beta 测试是在软件公司内部展开的测试,由公司的非专业测试人员执行

　C. Beta 测试是在软件公司外部展开的测试,由专业测试人员和非专业人员执行

　D. Beta 测试是在软件公司外部展开的测试,由非专业测试人员执行

(11) 当对发现的缺陷进行修改之后,执行测试以确认程序的修改没有对程序的其他部分产生干扰,这种测试通常称为(　　　)。

　A. 验证测试　　　　　　　　　　B. 回归测试

　C. 系统测试　　　　　　　　　　D. 确认测试

(12) 下列中不属于关键模块具有的特性是(　　　)。

　A. 处于程序控制结构的底层　　　B. 本身是复杂的或是容易出错的

　C. 含有确定的性能需求　　　　　D. 被频繁使用的模块

(13) 下列中不属于回归测试的目的的是(　　　)。

　A. 检验软件的修改达到了预定目的

　B. 检验软件的修改没有影响软件其他功能的正确性

　C. 检验改动没有带来不可预料的行为或者另外的错误

　D. 检验修改的测试用例是否完整

(14) 集成测试也叫作(　　　)。

　① 单元测试;② 部件测试;③ 组装测试;④ 系统测试;⑤ 确认测试;⑥ 联合测试

　A. ③⑥　　　　　B. ①②　　　　　C. ⑤⑥　　　　　D. ③④

(15) 下列各项都是按照不同阶段对软件测试进行的划分,除了(　　　)。

　A. 单元测试　　　B. 集成测试　　　C. 黑盒测试　　　D. 系统测试

(16) 以消除瓶颈为目的的测试是(　　　)。

　A. 负载测试　　　B. 性能测试　　　C. 动态测试　　　D. 覆盖测试

(17) 下列测试中不属于系统测试的是(　　　)。

　A. 性能测试　　　B. 集成测试　　　C. 压力测试　　　D. 可靠性测试

(18) 负载、压力、性能测试需求分析时,应该选择(　　　)的业务作为测试案例。

　① 高吞吐量;② 业务逻辑复杂;③ 高商业风险;④ 高服务器负载;⑤ 批处理

　A. ①②③　　　　B. ①③④　　　　C. ①④　　　　　D. ①②③④⑤

(19) 以下关于系统测试方法的说法中不正确的是(　　　)。

　A. 可以使用监视器方法收集系统执行时间和资源使用情况

　B. 只要有足够的时间,一个好的安全测试就一定可以侵入一个系统

　C. 容量测试是指系统承受速度方面的超额负载

　D. 在嵌入式系统中,功能需求与性能需求必须同时考虑

(20) 下列中不属于界面元素测试的是(　　　)。

　A. 窗口测试　　　　　　　　　　B. 文字测试

　C. 功能点测试　　　　　　　　　D. 鼠标测试

2. 简答题

（1）说明软件测试包括哪些主要阶段，并说明各阶段的主要测试策略。

（2）负载测试与压力测试有什么异同点？

（3）性能测试与容量测试有什么异同点？

（4）用户文档的测试一般要关注文档的哪些特性？

（5）查阅相关资料，说明软件兼容性测试是指什么。

第2部分

软件测试实际应用

第 7 章 单元测试实践

7.1 JUnit 简 介

JUnit 是一个开源的 Java 测试框架,是 Xunit 测试体系架构的一种实现。JUnit 用于单元级测试具有以下优势。

(1) JUnit 是完全免费的,开源代码可以进行二次开发。

(2) 使用方便,可以快速撰写测试用例并检测程序代码,执行测试像编译程序代码一样容易。

(3) JUnit 自动执行测试用例并检查结果,执行测试后返回简单回馈。

(4) JUnit 允许组合多个测试并自动进行回归测试,可以合成测试系列的层级架构。

(5) JUnit 使用小版本发布,控制代码更改量;同时,引入了重构概念,提高了软件代码质量。

(6) JUnit 与 IDE 的集成,以及与 Eclipse. Ant 结合,形成测试及开发代码之间的无缝连接。

7.2 JUnit 的安装与使用

7.2.1 JUnit 命令行的安装

JUnit 是以 jar 文件的形式发布的,其中包括了所有必需的类。安装 JUnit 时,需要把 jar 文件放到编译器能够找到的地方。如果不使用 IDE,而是从命令行直接调用 JDK,则必须让 CLASSPATH 包含 JUnit 的 jar 包所在的路径。

(1) 在 Linux 或者其他类 UNIX 的系统上,只需要把 jar 文件的路径加入 CLASSPATH 环境变量中。

例如,假设 jar 文件位于/user/java/packaged/junit3.8.1?junit.jar,只需要运行类似这样的一条命令:

CLASSPATH=SCLASSPATH:/user>java/packaged/junit3.8./junitjar

CLASS PATH 中的每条路径都要用冒号隔开(":")。通常会把这样的命令放入 shell 的启动脚本中(.bashrc 或者/etc/profile 或者类似的位置),这样就不需要重复修改

CLASSPATH 了。

（2）在 Windows 操作系统中，运行下面的菜单路径：

start
settings
control panel
system
advance tab
environment variables…

假设 JUnit 的 jar 包位于 C:\java\junit3.8.l\junit.jar，需要把这些值输入对话框中：

variable：CLASSPATH
variable value：C:\java\junit3.8.1\junit.jar

如果在 CLASSPATH 中有已经存在的条目，注意每个新加的 class path 都要用分号（"；"）隔开，重新启动所有的 shell 窗口或者应用程序以使这些改动生效。

7.2.2　检查是否安装成功

检查 JUnit 是否已经安装好了，试着编译代码 import junit.framework.*，如果成功了，那么编译器就能找到 JUnit，也就是一切都准备妥当了。

7.2.3　JUnit 的主要类

JUnit 作为单元测试框架，共有 6 个包，其中最核心的 3 个包是 JUnit.framework、JUnit.runner 和 JUnit.textui。这里 JUnit.framework 是测试构架，包含了 JUnit 测试类所需的所有基类；JUnit.runner 负责测试驱动的全过程；JUnit.textui 负责文字方式的用户交互。

1. JUnit.framework

JUnit.framework 共有 6 个主要类或接口，分别是 Test、Assert、TestCase、TestSuite、TestListener、TestResulto。下面进行说明。

（1）Test 接口。Test 接口用于运行测试和收集测试结果。Test 接口使用了 Composite 设计模式，是单独测试用例（TestCase），聚合测试模式（TestSuite）及测试扩展（TestDecorator）的共同接口。它的 public int countTestCases()方法，用来统计测试时有多少个 TestCase。另外一个方法是 public void run(TestResult)，TestResult 是实例接受测试结果，run 方法执行本次测试。

（2）Assert 类。Assert 类包含一组用于测试断言方法的集合，验证期望值与实际值是否一致。如果期望值和实际值比对失败，Assert 类就会抛出 AssertionFailecdError 异常，JUnit 测试框架将这种错误归入 Failes，并加以记录。

（3）TestCase 抽象类。TestCase 是 Test 接口的抽象实现，（不能被实例化，只能被继承)其构造函数 TestCase(string name)根据输入的测试名称 name 创建一个测试实例。由于每一个 TestCase 在创建时都要有一个名称,若测试失败了,便可识别出是哪个测试失败。TestCase 类中包含 setUp()、tearDown()方法。

setUp()方法集中初始化测试所需的所有变量和实例,并且在依次调用测试类中的每个测试方法之前再次执行 setUp()方法。

tearDown()方法则是在每个测试方法之后,释放测试程序方法中引用的变量和实例。

开发人员编写测试用例时,只需继承 TestCase 来完成 run 方法即可,然后 JUnit 获得测试用例,执行它的 run 方法,把测试结果记录在 TestResult 中。

(4) TestSuite 类。TestSuite 类实现了 Test 接口,可以包装、组织和运行多个 TestCase。TestSuite 处理 TestCase 有以下 6 个规约,否则便会拒绝执行测试:①该测试用例必须是公有类;②该测试用例必须继承于 TestCase 类;③测试用例中的测试方法必须是公有的(Public);④测试用例中的测试方法必须被声明为 Voido;⑤测试用例中的测试方法的前置名词必须是 test;⑥测试用例中的测试方法无任何传参。

TestSuite 处理的测试用例标准写法如下。

```
//必须声明为 Public 类,继承于 JUnit. framework. TestCase 类
Public class Class TestCase extends TestCase{
    //标准测试用例构造方法无须变动
    Public Class TestCaseO{              //必须声明为 Public
    Super();                              //默认写法不用重写
    Public void testAMethod(){...}        //测试方法必须声明为 Public,并且加上"test"修饰前缀
    Public void testBMethod()(...)
}
```

(5) TestListener 类。TestListener 接口是个事件监听规约,可供 TestRunner 类使用。它通知 listener 的对象相关事件,方法包括测试开始 startTest(Test test),测试结束 endTest(Test test),错误,增加异常 addError(Test test,Throwable t)和增加失败 addFailure(Test test,AssertionFailedError t)。

(6) TestResult 类。TestResult 类负责收集 TestCase 所执行的结果,将结果分为两类,即客户可预测的失败(Failure)和没有预测的错误(Error)。Failure 表示当 JUnit 测试结果为 False 时,TestResult 会自动抛出 AssertionFailedErrors 异常。Error 表示测试驱动程序本身的错误,作为不可预见的异常情况,由测试代码自身抛出。TestResult 提供 wasSuccessful()方法,决定所做的测试是否全部通过。

TestResult 对 TestListener 进行注册(每个测试用例对应一个异常监听者),TestListener 调用测试方法后向 TestResult 返回测试执行过程。例如,测试的整个执行生命周期包括测试开始、失败和错误的抛出、测试结束。

2. JUnit. runner

JUnit. runner 包中定义 JUnit 测试框架的交互形式,也是整个 JUnit 的交互框架。BaseTestRunner 抽象类是 JUnit. runner 包的核心类,用于实现 TestListener 接口,定义运行测试的公共方法。所有 JUnit 框架和外界进行交互的行为都被此包所定义。BaseTestRunner 抽象类分别被 JUnit 中 awtui、swingui 和 textui 包中的同名 TestRunner

方法共同继承,形成3种不同风格的JUnit交互模式。

一般来说,命令行交互模式执行测试速度最快,界面简单,返回的错误值集成到Ant中进行后续处理。图形交互模式执行测试,采用灰色、绿色、红色3种色块标注测试分组,给出相关测试失败的原因。其中,灰色表示单元代码的错误输出;绿色表示结果正确;红色表示当前代码出现了严重的错误。

3. JUnit. textui

JUnit. textui包中主要的类是TestRunner,继承BaseTestRunner,是客户对象调用的起点,负责跟踪整个测试流程,显示返回测试结果,报告测试进度。

7.3 JUnit 的使用原则

JUnit是一种用Java语言编写的单元测试框架,它的使用原则如下。

(1)单元测试代码应该是轻量级的:测试代码应该简洁明了,不应该包含复杂的实现逻辑。

(2)不应该依赖测试执行的顺序:测试执行的顺序可能是随机的,并且在不同的环境中可能不同。因此,测试应该独立于执行的顺序,以确保每个测试的正确性。

(3)测试应该包含可重复的和可验证的测试:测试应该是可重复的,即每次执行测试时都应该得出相同的结果。此外,测试的结果应该是可以验证的,以确保测试的准确性。

(4)测试代码应该易于理解:测试代码应该是易于理解的,其他人应该能够轻松地阅读和理解测试代码以及测试的预期结果。

(5)测试代码应该有足够的覆盖率:测试代码应该涵盖尽可能多的测试场景,以确保代码的全面性和质量。

(6)测试代码应该是可维护的:如果测试代码变得越来越难以维护,那么测试本身就会成为一个瓶颈,阻碍开发者继续进行软件开发。因此,测试代码必须易于维护。

总之,JUnit测试应该是轻量级、独立于执行顺序、重复可验证、易于理解、有足够的覆盖率和易于维护。

7.4 JUnit 应用实例

7.4.1 JUnit 单元测试过程

步骤1:定义测试类,这个类必须是公共的。

步骤2:添加@Test注释,把测试用例编码为单元测试方法,测试方法命名规则为testxxx();只要测试方法拥有了@Test注释,JUnit就会自动执行它们。

步骤3:初始化被测试对象,调用被测试对象的相关方法,得到测试执行结果。

步骤4:使用断言方法比较测试结果和预期结果是否一致。

步骤5：执行测试用例,查看测试结果。

7.4.2　操作实例

Eclipse 与 JUnit 4 都作为开源软件,并且 Eclipse 集成 JUnit,可以方便地编写测试用例。下面通过一个实例详细介绍 JUnit 的测试过程。

【例 7-1】　新建项目名 JUnit_Test,在 andycpp 包中编写 Calculator 类,实现简单的加、减、乘、除等计算功能,采用 JUnit 4 进行测试 Calculator 类的各种方法。

【解答】　具体步骤如下。

(1) 在 Eclipse 中编写 Calculator 类。为了进行测试,故意给出某些方法的错误代码。Calculator 类代码如下。

```
package andycpp;

public class Calculator {
    private static int result;               //静态变量,用于存储运行结果
    public void add(int n) {
        result = result + n;
    }
    public void substract(int n) {
        result = result - 1;                 //缺陷：正确的应该是 result = result - n
    }
    public void multiply(int n) {
    }                                        //此方法尚未写好
    public void divide(int n) {
        result = result / n;
    }
    public void square(int n) {
        result = n * n;
    }
    public void squareRoot(int n) {
        for ( ; ; ) ;                        //缺陷：死循环
    }
    public void clear() {                    //将结果清零
        result = 0;
    }
    public int getResult() {
        return result;
    }
}
```

(2) 将 JUnit 4 单元测试包引入 JUnit_Test 项目。在该项目上右击,然后在弹出的快捷菜单中选择"Build Path"命令,如图 7-1 所示。

(3) 在弹出的属性窗口中,首先在右边选择 Configure Build Path 选项,然后到右侧选

择 Libraries 标签，再在最右边单击 Add External JARs...按钮，如图 7-2 所示。选择 JUnit 4
并单击 Apply 按钮，将 JUnit 4 软件包加入 JUnit_Test 项目。

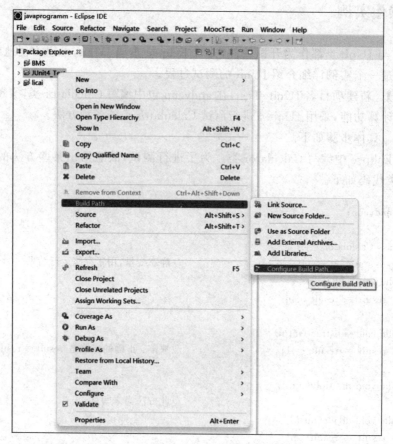

图 7-1 JUnit_Test 项目"属性"命令

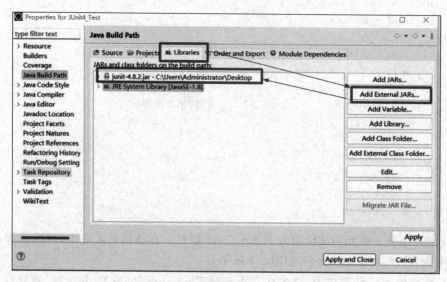

图 7-2 将 JUnit 4 软件包加入 JUnit_Test 项目

（4）生成 JUnit 测试框架。在 Eclipse 的 Package Explorer 中右击 Calculator 类，在弹出的快捷菜单中选择 New JUnit Test Case 命令。然后在弹出的对话框中，选择 setUp() 和 tearDown() 方法，如图 7-3 所示。

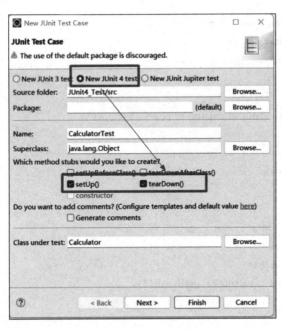

图 7-3　生成 JUnit 测试框架

（5）单击 Next 按钮后，系统会自动列出 Calculator 类中所包含的方法。选择所需测试的"加、减、乘、除"4 个方法进行测试，如图 7-4 所示。

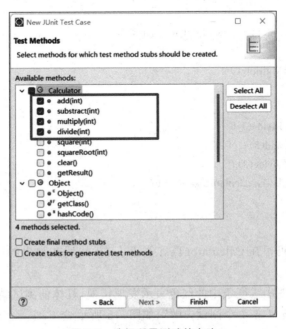

图 7-4　选择所需测试的方法

Eclipse 自动生成名为 CalculatorTest 的新类,代码中包含一些空的测试用例。将 CalculatorTest 进行修改,完整代码如下。

```java
package andycpp;
import static org.junit.Assert.*;
import org.junit.Before;
import org.junit.Ignore;
import org.junit.Test;
public class CalculatorTest {
    private static Calculator calculator = new Calculator();
    @Before
    public void setUp() throws Exception {
        calculator.clear();
    }
    @Test
    public void testAdd() {
        calculator.add(2);
        calculator.add(3);
        assertEquals(5, calculator.getResult());
    }
    @Test
    public void testSubstract() {
        calculator.add(10);
        calculator.substract(2);
        assertEquals(8, calculator.getResult());
    }
    @Ignore("Multiply() Not yet implemented")
    @Test
    public void testMultiply() {
    }
    @Test
    public void testDivide() {
        calculator.add(8);
        calculator.divide(2);
        assertEquals(4, calculator.getResult());
    }
}
```

(6) 运行测试代码。在 CalculatorTest 类上右击,然后在弹出的快捷菜单中选择 Run As a JUnit Test 命令。

(7) 运行结果。图中进度条中的红色表示发现错误,具体的测试结果为"共进行了 4 个测试,其中 1 个测试被忽略,1 个测试失败",如图 7-5 所示。

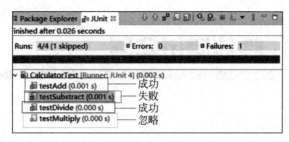

图 7-5 测试结果

7.5 小 结

本章学习单元测试工具 JUnit。通过对软件的学习,读者可了解单元测试工作的内容及目标。JUnit 也是软件测试大赛中常用的测试工具。

第8章 性能测试实践

8.1 JMeter 简 介

Apache JMeter 是一款开源、用纯 Java 语言编写,用于测试软件功能和性能的软件,具有高移植性、可跨平台、便携免费、支持多协议等强大功能。最初,JMeter 被设计用于 Web 应用测试,随着 JMeter 的性能完善,后又扩展到了其他测试领域,现主要用于性能测试,且支持接口测试,压力测试等多种测试手段,入门相对简单。

JMeter 的基本工作原理是建立一个多线程组,多线程运行取样器会产生负载,在运行的过程中,通过断言来验证结果是否正确,并且可以通过监听来记录测试的结果;当取样器中有参数化需求时,可以通过前置处理器或配置元件来解决问题;若取样器中有关联需求,可通过后置处理器来满足;如果想要模拟负载场景,可以设置线程组,代表一定数量的用户,模拟用户并发送请求。JMeter 适合用于数据添加、数据修改、数据查询的测试;如果是模拟并发场景,可通过定时器来达到目的。

1. JMeter 的优点

JMeter 的优点主要包括以下几点。

(1) JMeter 添加数据不依赖于界面,相较于其他测试工具更加方便、快捷。只要添加数据确定,无论界面是否变动,JMeter 都会按照添加数据进行测试,不影响对数据的操作结果。

(2) 与其他测试工具不同,JMeter 自身的适用技巧并不高,操作简单,上手较快,学习工具本身的适用方法并不需要很长时间。

(3) JMeter 提供的函数功能和参数化可以用于快速高效地完成测试数据的更新、添加和修改等操作。

(4) JMeter 能够处理复杂的业务逻辑,可以在小规模修改录制的脚本的前提下,运用自身所带的配置元件来达到处理复杂的业务逻辑的目的,所以对工具使用人员的编程技术要求不高。

2. JMeter 的缺点

JMeter 的缺点主要包括以下几点。

(1) 在测试脚本的过程中,JMeter 脚本的维护需要保存为本地文件,但每个脚本文件只能保存一个测试用例,这就给测试过程增添了一定的局限性,不利于脚本的维护。

(2) 使用 JMeter 需要手动验证,因为 JMeter 不能验证 JS 程序,无法验证页面,这一点相对来说给性能测试提供了复杂度。

(3) JMeter 的断言可以验证代码是否有需要得到的值,但针对这一部分功能不是很强大,当程序顺利运行时,依旧无法确定程序是否正确,所以有时需要进入程序查看 JMeter 的响应数据。

8.2　JMeter 的安装与使用

搭建 JMeter 测试环境的过程非常简单。由于 JMeter 是一个图形界面配置工具,并且不像 LoaderRunner 那样定位为高端测试人员专用,所以 JMeter 能够让普通 Web 应用开发人员快速上手。

通过学习和实际操作 JMeter 的安装与使用,培养学生的基本技能和专业技能,使学生具有较强的实际操作和创新能力,提高综合分析和解决问题的能力。

8.2.1　安装 JDK

JMeter 运行需要 Java 环境,如果没有事先安装 JDK,启动 JMeter 会出现"Not able to find Java executable or version. Please check your Java installation."的错误。因此,安装 JDK 是 JMeter 测试环境建立中至关重要的一步,JDK 的下载地址为"https://www.oracle.com/technetwork/java/javase/overview/index.html",其下载界面如图 8-1 所示。

Java downloads　Tools and resources　Java archive

Java SE Development Kit 8u371

Java SE subscribers will receive JDK 8 updates until at least **December 2030**.

Manual update required for some Java 8 users on macOS.

The Oracle JDK 8 license changed in April 2019

The Oracle Technology Network License Agreement for Oracle Java SE is substantially different from prior Oracle JDK 8 licenses. This license permits certain uses, such as personal use and development use, at no cost -- but other uses authorized under prior Oracle JDK licenses may no longer be available. Please review the terms carefully before downloading and using this product. FAQs are available here.

Commercial license and support are available for a low cost with Java SE Universal Subscription.

JDK 8 software is licensed under the Oracle Technology Network License Agreement for Oracle Java SE.

Java SE 8u371 checksums and GPG Keys for RPMs

Linux　**macOS**　**Solaris**　**Windows**

Product/file description	File size	Download
x86 Installer	136.77 MB	🔒 jdk-8u371-windows-i586.exe
x64 Installer	145.50 MB	🔒 jdk-8u371-windows-x64.exe

图 8-1　JDK 1.8 下载界面

下载完成,双击运行 jdk-8u371-windows-x64.exe。单击"下一步"按钮,选择安装的组件,也可以按照自己的需要更改路径。这里,组件主要包含下面的开发工具、JRE 以及一些源代码,其实对于开发人员来说,公共的 JRE 是不需要另外安装的,JDK 内部已经包含了一个 JRE,这里其实是取消了公共 JRE 的安装,当然也可以自己选择。

安装完成后需要配置环境变量,即在计算机桌面右键"我的电脑",通过:计算机→属性→高级系统设置→高级→环境变量。环境变量的配置包括以下步骤。

步骤 1:新建 JAVA HOME 变量。选择系统变量下的"新建",添加变量名"JAVA_HOME",变量值为之前自己 JDK 的安装路径"D:\Program Files\Java\jdk1.8.0_91",如

图 8-2 所示。

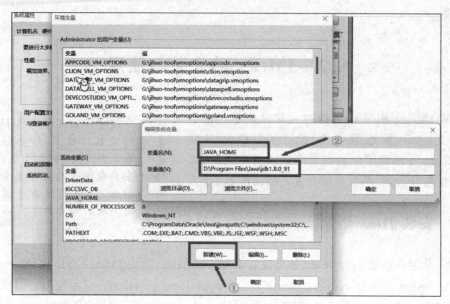

图 8-2　新建 JAVA HOME 变量

步骤 2：新建 CLASSPATH 环境变量。选择系统变量下的"新建"，添加变量名"CLASSPATH"，变量值为".;%Java_HOME%\lib\dt.jar;%Java_HOME%\lib\tools.jar"，如图 8-3 所示。

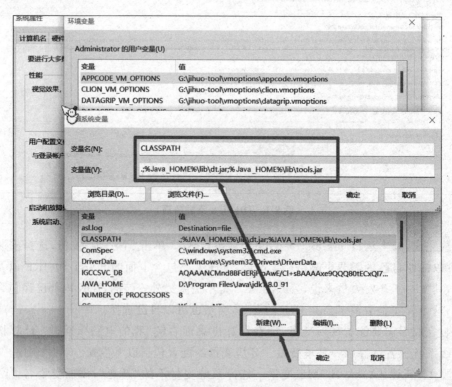

图 8-3　新建 CLASSPATH 变量

步骤3：编辑 Path 变量。找到系统变量里变量为 Path 的行，选中，并单击编辑，追加
".；%Java_HOME%\lib；%Java_HOME%\lib\tools.jar"到变量值最后，如图 8-4 所示。

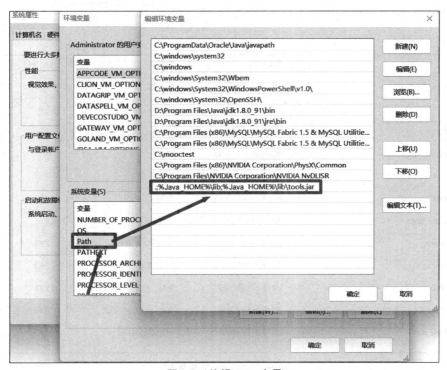

图 8-4　编辑 Path 变量

8.2.2　安装 JMeter

JMeter 运行环境安装好了，就可以安装 JMeter 了。JMeter 的下载地址为"https：//
link. zhihu. com/？target＝http%3A//JMeter. apache. org/download_JMeter. cgi"，其下载
界面如图 8-5 所示。

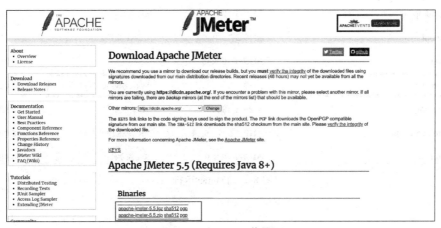

图 8-5　JMeter 下载界面

下载完成后直接解压，解压完成如图 8-6 所示。单击 bin 文件进入文件夹，找到 jmeter.bat 双击运行，如图 8-7 所示。可以看到启动了一个 cmd 以及我们想要的 JMeter，如图 8-8 所示。

名称	修改日期	类型	大小
backups	2021-8-26 10:17	文件夹	
bin	2021-11-12 21:39	文件夹	
docs	2019-11-14 11:45	文件夹	
extras	2019-11-14 11:45	文件夹	
lib	2019-12-16 18:17	文件夹	
licenses	2019-11-14 11:45	文件夹	
printable_docs	2019-11-14 11:45	文件夹	
.DS_Store	2019-12-22 17:05	DS_STORE 文件	7 KB
jmeter.log	2019-12-16 17:28	文本文档	20 KB
LICENSE	2019-3-10 10:08	文件	15 KB
NOTICE	2019-3-10 10:08	文件	1 KB
README.md	2019-3-10 10:08	Markdown File	10 KB

图 8-6　JMeter 解压界面

create-rmi-keystore.bat	2019-3-10 8:36	Windows 批处理文件	2 KB
create-rmi-keystore.sh	2019-3-10 8:36	SH 源文件	2 KB
hc.parameters	2019-3-10 10:08	PARAMETERS 文件	2 KB
heapdump.cmd	2019-3-10 8:36	Windows 命令脚本	2 KB
heapdump.sh	2019-3-10 8:36	SH 源文件	2 KB
jaas.conf	2019-3-10 10:08	CONF 文件	2 KB
jmeter	2019-3-10 8:43	文件	8 KB
jmeter.bat	2019-3-10 8:43	Windows 批处理文件	9 KB
jmeter.log	2023-6-19 22:02	文本文档	2 KB
jmeter.properties	2019-12-17 18:14	PROPERTIES 文件	56 KB
jmeter.sh	2019-3-10 8:36	SH 源文件	4 KB

图 8-7　JMeter 运行

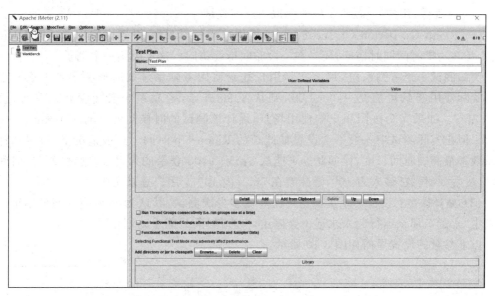

图 8-8　JMeter 运行成功

8.2.3　JMeter 的简单使用

1. 新建一个线程组

JMeter 使用一个 Java 线程来模拟一个用户,线程组代表一组虚拟用户,使用虚拟用户模拟访问被测系统。新建线程组操作如图 8-9 所示。

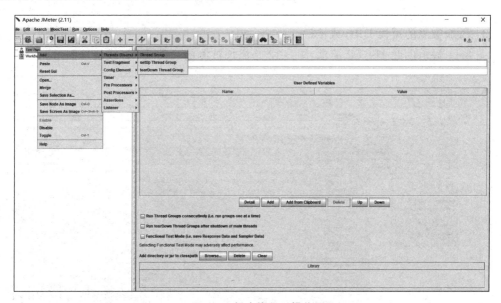

图 8-9　新建线程组操作

2. 设置线程参数

线程参数的设置主要包括线程数、Ramp-Up 周期和循环次数。

（1）线程数（用户）：想要模拟的虚拟用户的数量。

（2）Ramp-Up Period（in seconds）（虚拟用户增长时长）：设置虚拟用户访问 URL 的时长，是在一个时间同时访问，还是在一段时间持续访问。这里引用一个例子：

例如测试一个考勤系统，那么实际用户登录使用考勤系统的时候并不是大家一起登录。实际使用场景可能是 9:00 上班，则从 8:30 开始，考勤系统会陆续有人登录，直到 9:10 左右。如果完全按照用户的使用场景，设计该测试的时候此处应输入 40min×60s＝2400。但是实际测试中一般不会设置如此长的 Ramp-Up 时间。一般情况下，可以估计出登录频率最高的时间长度，比如此处可能从 8:55—9:00 登录的人最多，则设置测试时间为300s，然后"线程数"输入为 100，意味着在 5min 内 100 个用户登录完毕。

（3）循环次数：设置一个虚拟用户循环做多少次测试，默认为1，做完一遍就结束。如果选中"永远"，那么运行起来永远不会停止，一直循环，只能手动停止了。

以上参数的设置界面如图 8-10 所示。

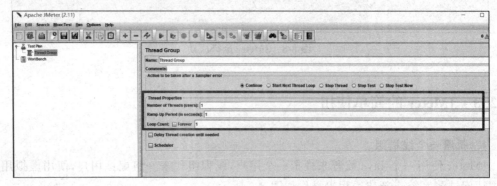

图 8-10　设置线程参数

3. 添加被测的页面 URL 或接口

图 8-11 显示创建 HTTP 请求，图 8-12 是添加被测的页面 URL 或接口图示。

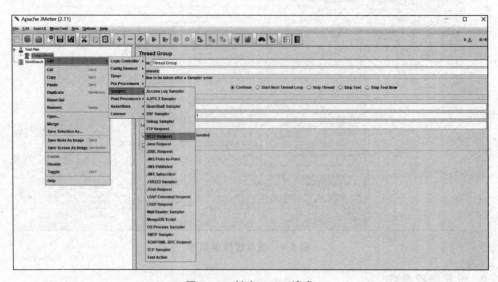

图 8-11　创建 HTTP 请求

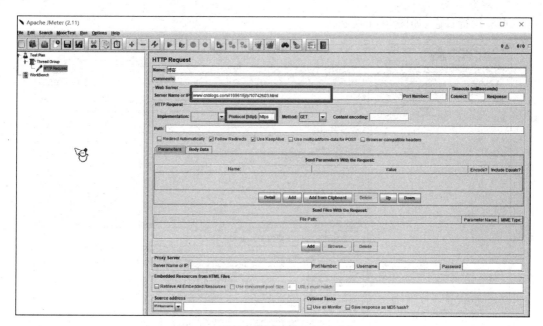

图 8-12 添加被测的页面 URL 或接口

4. 压力测试

单击"运行"按钮,开始压力测试,如图 8-13 所示。

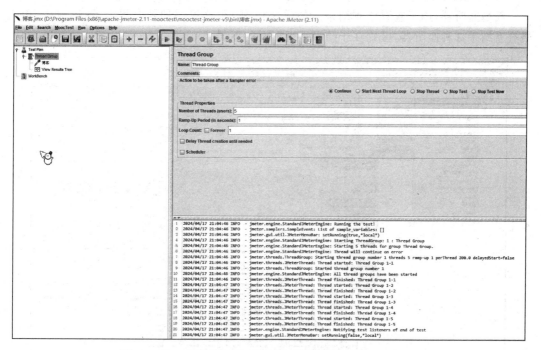

图 8-13 单击"运行"按钮

5. 查看日志

查看运行日志，如图 8-14 所示。

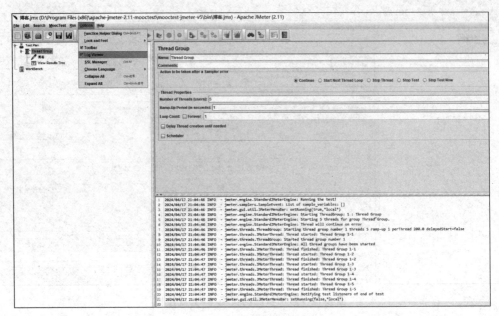

图 8-14　查看运行日志

6. 新增监听器

新增监听器，用于查看压测结果。如图 8-15 所示，这里添加聚会报告、图形报告、用表格查看结果 3 种监听器，区别在于结果展现形式的不同。

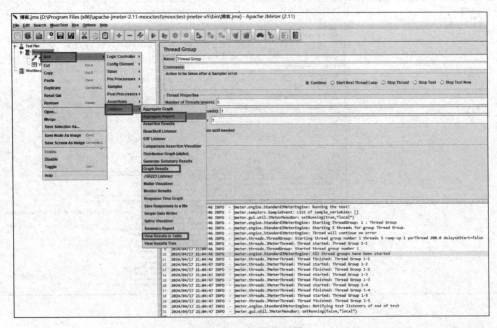

图 8-15　新增监听器

7. 再次进行压力测试

再次运行,进行压力测试,如图 8-16 所示,监听结果如图 8-17 所示。

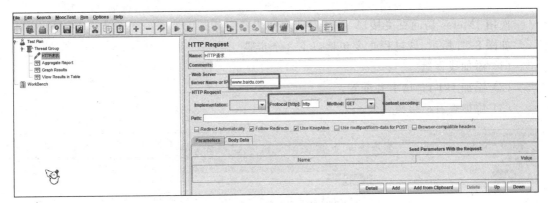

图 8-16　再次进行压力测试

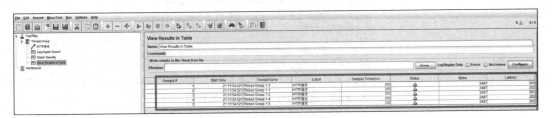

图 8-17　监听结果

8.3　JMeter 的使用原则

在使用 JMeter 的过程中需重点注意以下 3 个问题。

(1) 变量问题:使用过程中,一定要注意控件的执行顺序以及变量的作用域。

(2) 路径问题:Windows 系统下支持"/""\"并存模式,推荐使用"/",方便跨平台使用;Linux 系统下支持"/"格式。

(3) JMeter 自身性能问题:在命令行模式下,使用相同的命令。

在使用 JMeter 的过程中需重点遵循以下 3 个原则。

(1) 取样器:以取样器为核心,取样器没有作用域。

(2) 逻辑控制器:只对子节点的取样器和逻辑控制器起作用。

(3) 其他元件:如果父节点是取样器,则只对其父节点起作用;如果父节点不是取样器,则该作用域是其父节点下的其他所有后代节点(子节点,子节点的子节点)。

8.4 JMeter 应用实例

使用 JMeter 访问百度接口,并查看请求和响应信息。

如图 8-18 所示,该过程主要包括以下 3 个步骤。

(1) 添加线程组。

(2) 添加 HTTP 请求并配置。

(3) 添加查看结果树。

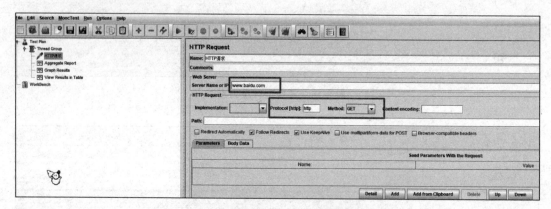

图 8-18   使用 JMeter 访问百度接口

8.5 小   结

本章对性能测试工具 JMeter 作简要介绍。读者需要了解 JMeter 的基本使用方法,在后面的 Web 测试中,还会再有使用 JMeter 的范例。

第 9 章 Web测试实践*

9.1 Web 测试概述

Web 是万维网(world wide web)的简称。它是一种基于 Internet 通信协议设计的信息交互系统,是将网络上的信息资源互相连接起来形成一个全球性分布式信息系统的方式。简单来说,Web 是一个利用 HTTP 进行信息交互的全球性信息系统,其基本组成部分是网页(Web page)。

Web 通常需要使用 Web 浏览器进行访问,浏览器可以通过 HTTP 来请求和接收 Web 服务器上的网页,然后将网页呈现给用户。网页的内容通常包括 HTML(超文本标记语言)文本、图片、音频、视频等,也可以嵌入 JavaScript 代码实现一些动态效果。在 Web 上,用户可以通过链接等方式方便地跳转到其他网页,实现信息的高度互联性。

Web 应用测试指对 Web 应用程序的功能、性能、安全、易用性等方面进行全面测试的过程。Web 应用是指在 Web 浏览器中运行的应用程序,通常是由服务器端动态生成的 HTML、CSS 和 JavaScript 等网页元素组成的。Web 应用测试是为了确保这些应用程序可以顺利地在不同的浏览器和操作系统上运行,具有良好的性能和安全性。

Web 应用测试的主要目的是发现和识别 Web 应用程序中的错误、缺陷和安全漏洞,并向开发者提供改善建议以及验证这些改进的有效性。Web 应用测试的主要内容通常包括以下几个方面。

(1) 功能测试。测试 Web 应用程序是否具有其设计和开发者所期望的功能,并且这些功能在不同的浏览器和操作系统上都能正常运行。

(2) 性能测试。测试 Web 应用程序的性能表现,包括响应时间、负载容量、稳定性等方面,以确保 Web 应用程序能够在高负载下保持正常运行。

(3) 安全测试。测试 Web 应用程序的安全性,检测系统是否存在易受攻击的漏洞,并提供改善建议以保障用户数据的安全性。

(4) 易用性测试。测试 Web 应用程序的易用性,以确保用户可以方便地使用这些应用程序,提高用户在应用程序上的满意度。

Web 应用测试的结果通常以测试报告的形式提交给开发者,报告会包括测试结果、缺陷描述、缺陷等级等信息,以便开发人员能快速理解和解决问题。Web 应用测试是开发高质量 Web 应用程序的关键环节。

9.2　Web 测试的主要类型

Web 测试是针对 Web 应用的一类测试。由于 Web 应用与用户直接相关，又通常需要承受长时间的大量操作，因此 Web 项目的功能和性能都必须经过可靠的验证。从测试关注的侧重点不同，我们将 Web 测试分为 Web 功能测试、Web 性能测试、Web 安全性测试、Web 兼容性测试、Web 可用性测试以及 Web 接口测试六大类。

9.2.1　Web 功能测试

Web 功能测试包含以下几类测试。

1. 链接测试

链接是 Web 应用系统的一个主要特征，它是在页面之间切换和指导用户去一些不知道地址的页面的主要手段。链接测试可分为以下 3 个方面。

（1）测试所有链接是否按指示的那样确实链接到了该链接的页面。

（2）测试所链接的页面是否存在。

（3）保证 Web 应用系统上没有孤立的页面。所谓孤立页面是指没有链接指向该页面。只有知道正确的 URL 地址才能访问。

链接测试可以自动进行，现在已经有许多工具可以采用。链接测试必须在集成测试阶段完成。也就是说，在整个 Web 应用系统的所有页面开发完成之后进行链接测试。

2. 表单测试

当用户通过表单提交信息时，都希望表单能正常工作。

如果使用表单进行在线注册，要确保提交按钮能正常工作，当注册完成后应返回注册成功的消息。如果使用表单收集配送信息，应确保程序能够正确处理这些数据，最后能让客户收到包裹。要测试这些程序，需要验证服务器能正确保存这些数据，而且后台运行的程序能正确解释和使用这些信息。

当用户使用表单进行用户注册、登录、信息提交等操作时，我们必须测试提交操作的完整性，以校验提交给服务器的信息的正确性。例如，用户填写的出生日期与职业是否恰当，填写的所属省份与所在城市是否匹配等。如果使用了默认值，还要检验默认值的正确性。如果表单只能接收指定的某些值，则也要进行测试。例如，只能接收某些字符，测试时可以跳过这些字符，看系统是否会报错。

3. 数据校验

如果系统根据业务规则需要对用户输入进行校验，需要保证这些校验功能正常工作。例如，省份的字段可以用一个有效列表进行校验。在这种情况下，需要验证列表完整，而且程序正确调用了该列表（例如在列表中添加一个测试值，确定系统能够接收这个测试值）。在测试表单时，该项测试和表单测试可能会有一些重复。

4. Cookies 测试

Cookies 通常用来存储用户信息和用户在某应用系统的操作，当一个用户使用 Cookies

访问了某一个应用系统时，Web 服务器将发送关于用户的信息，把该信息以 Cookies 的形式存储在客户端计算机上，这可以用来创建动态和自定义页面或者存储登录等信息。

如果 Web 应用系统使用了 Cookies，就必须检查 Cookies 是否能正常工作。测试的内容可包括 Cookies 是否起作用，是否按预定的时间进行保存，刷新对 Cookies 有什么影响等。如果在 Cookies 中保存了注册信息，请确认该 Cookies 能够正常工作而且对这些信息已经加密。如果使用 Cookies 来统计次数，需要验证次数累计正确。

5. 数据库测试

在 Web 应用技术中，数据库起着重要的作用，数据库为 Web 应用系统的管理、运行、查询和实现用户对数据存储的请求等提供空间。在 Web 应用中，最常用的数据库类型是关系数据库，可以使用 SQL 对信息进行处理。

在使用了数据库的 Web 应用系统中，一般情况下，可能发生两种错误，分别是数据一致性错误和输出错误。数据一致性错误主要是由于用户提交的表单信息不正确造成的，而输出错误主要是由于网络速度或程序设计问题等引起的，针对这两种情况，可分别进行测试。

应用程序特定的功能需求最重要的是，测试人员需要对应用程序特定的功能需求进行验证。尝试用户可能进行的所有操作：下订单、更改订单、取消订单、核对订单状态、在货物发送之前更改送货信息、在线支付等。这是用户使用网站的原因，一定要确认网站能像广告宣传的那样。

6. 设计语言测试

Web 设计语言版本的差异可以引起客户端或服务器端严重的问题，例如使用哪种版本的 HTML 等。当在分布式环境中开发时，开发人员都不在一起，这个问题就显得尤为重要。除了 HTML 的版本问题外，不同的脚本语言，如 Java、JavaScript、ActiveX、VBScript 或 Perl 等也要进行验证。

9.2.2　Web 性能测试

Web 性能测试主要进行连接速度测试、负载测试和压力测试。

1. 连接速度测试

用户连接到 Web 应用系统的速度根据上网方式的变化而变化，或许是电话拨号，或许是宽带上网。当下载一个程序时，用户可以等较长的时间，但如果仅仅访问一个页面就不会这样。如果 Web 系统响应时间太长（如超过 5s），用户就会因没有耐心等待而离开。另外，有些页面有超时的限制，如果响应速度太慢，用户可能还来不及浏览内容，就需要重新登录了。而且连接速度太慢，还可能引起数据丢失，使用户得不到"真"的页面。

2. 负载测试

负载测试是为了测量 Web 系统在某一负载级别上的性能，以保证 Web 系统在需求范围内能正常工作。负载级别可以是某个时刻同时访问 Web 系统的用户数量，也可以是在线数据处理的数量。负载测试应该安排在 Web 系统发布以后，在实际的网络环境中进行测试。因为对于一个企业，其内部员工数量总是有限的，而一个 Web 系统能同时处理的请求数量将远远超出这个限度，所以，只有放在 Internet 上，接受负载测试，其结果才是正确可信的。

3. 压力测试

压力测试的区域包括表单、登录和其他信息传输页面等。进行压力测试是指实际破坏一个 Web 应用系统,测试系统的反应。压力测试是测试系统的限制和故障恢复能力,也就是测试 Web 应用系统会不会崩溃,在什么情况下会崩溃。在 Internet 上黑客攻击常采用的方式是:提供错误的数据负载,直到 Web 应用系统崩溃,接着当系统重新启动时获得存取权。因此,对应用系统的压力测试很有必要。

9.2.3　Web 安全性测试

Web 安全性测试是检验在系统中已存在的系统安全性、保密性措施是否发挥作用。它主要包括以下几个方面。

(1) 目录设置:正确设置目录。

(2) SSL:使用 SSL 进行安全传输,确定是否有相应的替代页面。

(3) 登录:验证系统阻止非法的用户名/口令登录。

(4) 日志文件:注意验证服务器日志是否正常。

(5) 脚本语言:脚本语言是常见的安全隐患。

9.2.4　Web 兼容性测试

在 Web 测试中,通常对平台和浏览器进行兼容测试。

1. 平台测试

市场上有很多不同的操作系统类型,最常见的有 Windows、UNIX、Macintosh、Linux 等。Web 应用系统的最终用户究竟使用哪一种操作系统,取决于用户系统的配置。这样,可能会发生兼容性问题,同一个应用可能在某些操作系统下能正常运行,但在另外的操作系统下可能会运行失败。因此,在 Web 系统发布前,需要在各种操作系统下对 Web 系统进行兼容性测试。

2. 浏览器测试

浏览器是 Web 客户端最核心的构件,来自不同厂商的浏览器对 Java、JavaScript、ActiveX、plug-ins 或不同的 HTML 规格有不同的支持。

另外,框架和层次结构风格在不同的浏览器中也有不同的显示,甚至根本不显示。不同的浏览器对安全性和 Java 的设置也不同。测试浏览器兼容性的一个方法是创建兼容性矩阵。在这个矩阵中,测试不同厂商、不同版本的浏览器对某些构件和设置的适应性。

3. 组合测试

最后需要进行组合测试。600 像素×800 像素的分辨率在 MAC 机上可能不错,但是在 IBM 兼容机上却很难看。在 IBM 机器上使用 Netscape 能正常显示,但无法使用 Lynx 来浏览。如果是内部使用的 Web 站点,测试可能会轻松一些。如果公司指定使用某个类型的浏览器,那么只需在该浏览器上进行测试。如果所有的人都使用 T1 专线,可能不需要测试施加的下载。有些内部应用程序,开发部门可能在系统需求中声明不支持某些系统而只支持那些已设置的系统。但理想的情况是,系统能在所有机器上运行,这样就不会限制将来的发展和变动。

9.2.5　Web可用性测试

对 Web 可用性的测试,通常指导航测试、图形测试、内容测试和整体页面测试。

1. 导航测试

导航描述了用户在一个页面内操作的方式,在不同的用户接口控制之间,例如按钮、对话框、列表和窗口等,或在不同的连接页面之间。

在一个页面上放太多的信息,效果往往与预期相反。Web 应用系统的用户趋向于目的驱动,很快地扫描一个 Web 应用系统,看是否有满足自己需要的信息,如果没有,就会很快地离开。很少有用户愿意花时间熟悉 Web 应用系统的结构,因此 Web 应用系统导航帮助要尽可能地准确。导航的另一个重要方面是 Web 应用系统的页面结构、导航、菜单、连接的风格是否一致,以确保用户能快速了解 Web 应用系统中是否还有内容以及内容的位置。Web 应用系统的层次一旦确定,就要着手测试用户导航功能,让最终用户参与这种测试,效果将更加明显。

2. 图形测试

在 Web 应用系统中,适当的图片和动画既能起到广告宣传的作用,又能起到美化页面的功能。一个 Web 应用系统的图形可以包括图片、动画、边框颜色、字体、背景、按钮等。图形测试的内容有:为确保图形有明确的用途,图片或动画必须排列有序以节约传输时间;Web 应用系统的图片尺寸要尽量小,并且能清楚地说明某件事情,一般都链接到某个具体的页面。

验证所有页面字体的风格是否一致。

背景颜色应该与字体颜色和前景颜色相搭配。

图片的大小和质量也是一个很重要的因素,一般采用 JPG 或 GIF 格式压缩,最好能使图片的大小减小到 30KB 以下。

需要验证的是文字回绕是否正确。如果说明文字指向右边的图片,应该确保该图片出现在右边。不要因为使用图片而使窗口和段落排列古怪或者出现孤行。

3. 内容测试

内容测试用来检验 Web 应用系统提供信息的正确性、准确性和相关性。信息的正确性是指信息是可靠的还是误传的;信息的准确性是指是否有语法或拼写错误,这种测试通常使用一些文字处理软件来进行;信息的相关性是指是否在当前页面可以找到与当前浏览信息相关的信息列表或入口,也就是一般 Web 站点中的所谓"相关文章列表"。

4. 整体页面测试

整体页面是指整个 Web 应用系统的页面结构设计,是给用户的一个整体感。对整体页面的测试过程,其实是一个对最终用户进行调查的过程。一般 Web 应用系统采取在主页上做一个调查问卷的形式,来得到最终用户的反馈信息。对所有的用户界面测试来说,都需要有外部人员的参与,最好是让最终用户参与。

9.2.6　Web 接口测试

对 Web 接口的测试,通常指对服务器接口、外部接口和错误处理的测试。

1. 服务器接口测试

第一个需要测试的接口是浏览器与服务器的接口。测试人员提交事务,然后查看服务器记录,并验证在浏览器上看到的正好是服务器上发生的。测试人员还可以查询数据库,确认事务数据已正确保存。

2. 外部接口测试

有些 Web 系统有外部接口。例如,网上商店可能要实时验证信用卡数据以减少欺诈行为的发生。测试的时候,要使用 Web 接口发送一些事务数据,分别对有效信用卡、无效信用卡和被盗信用卡进行验证。如果商店只使用 Visa 卡和 MasterCard 卡,可以尝试使用 Discover 卡的数据。

3. 错误处理测试

最容易被测试人员忽略的地方是接口错误处理。通常我们试图确认系统能够处理所有错误,但无法预期系统所有可能的错误。可以尝试在处理过程中突然中断事务,看看会发生什么情况,看订单是否完成;或是尝试中断用户到服务器的网络连接,或者尝试中断 Web 服务器到信用卡验证服务器的连接,在这些情况下,系统能否正确处理这些错误,是否已对信用卡进行收费。如果用户自己中断事务处理,在订单已保存而用户没有返回网站确认的时候,需要由服务提供商致电用户进行订单确认。

9.3　Web 测试实例

9.3.1　Web 性能测试实例

【例 9-1】　使用 JMeter 完成如下描述的咪咕音乐性能测试脚本的编写。

素质培养　通过咪咕音乐性能测试和美团—南京—酒店功能实例的学习,培养学生理论联系实际、解决实际工程问题的能力。

1. 被测系统

(1) 系统名称:咪咕音乐。

(2) 系统链接:https://music.miqu.cn/v3。

2. 测试要求

对“咪咕音乐”中的“歌手搜索”功能进行性能测试,在测试过程中必须按要求对录制的脚本进行修改(包括参数化、集合点、事务等)。

根据题意,梳理测试过程如下。

(1) 创建名为 migu 的线程组(thread group),该线程组负责对咪咕音乐—歌手搜索功能进行性能测试,相关的操作应放置在该线程组中。

具体操作流程:进入咪咕音乐页面,单击“歌手”,如图 9-1 所示;然后,对歌手进行筛选操作(单击红框内的任意按钮),如图 9-2 所示。

图 9-1　咪咕歌手界面

图 9-2　咪咕筛选歌手界面

（2）整理脚本,保证脚本执行成功(如果存在 CSS 或图片等的非关键链接执行失败,可以删除这部分链接)。

脚本编写有下面 3 种方法,选择一种方法即可,推荐使用后两种较为简单的方法。

① 使用浏览器的开发者工具捕获 HTTP 请求,并手动编写脚本。

② 使用 JMeter 客户端自带的录制功能,在浏览器中安装 ApacheJMeterTemporaryRootCA. crt,录制脚本。

③ 使用 Badboy 进行脚本录制后,通过 File→Export to JMeter 得到脚本。

JMeter 咪咕音乐性能测试脚本编写示例。

步骤 1：打开 Badboy,输入 URL,录制脚本,如图 9-3、图 9-4 所示。

步骤 2：录制完成导出 JMeter 文件,如图 9-5 所示。

图 9-3　打开 Badboy，输入 URL

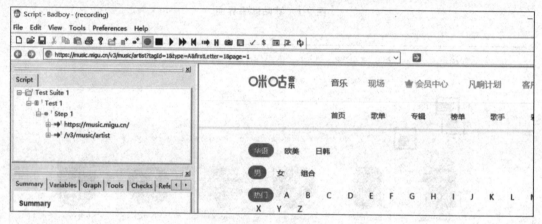

图 9-4　录制脚本

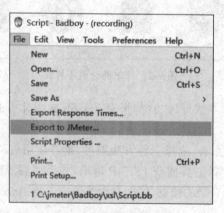

图 9-5　导出 JMeter 文件

　　步骤 3：进入 JMeter，打开刚刚导出的 JMX 文件，将线程组名称改为 migu。此时需要注意的是，因为 Badboy 无法录制参数，所以在线程组下的循环控制器加一个"HTTP 请求"，如图 9-6 所示，并设置 HTTP 请求参数，如图 9-7 所示。

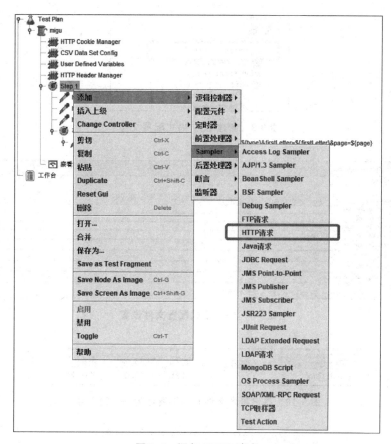

图 9-6　添加 HTTP 请求

图 9-7　设置 HTTP 请求参数

步骤 4：在 migu 线程组下新建一个 CSV 格式的配置文件，如图 9-8 所示，本例中配置
文件位置选用绝对路径，如图 9-9 所示，可以在 JMX 文件的同一目录下建一个记事本文件，
再把文件扩展名改为.csv，如图 9-10 所示，本例中配置文件的内容如图 9-11 所示。

其中涉及的参数说明如下。

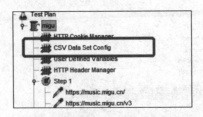

图 9-8　新建 CSV 格式配置文件

CSV Data Set Config

名称：CSV Data Set Config
注释：
Configure the CSV Data Source
　　　　　Filename: data.csv　　　　　绝对路径，写文件名就可以
　　　File encoding: UTF-8
Variable Names (comma-delimited): tagId,type,firstLetter,page　　参数
Delimiter (use "t" for tab): ,　　用隔开
Allow quoted data?: True
Recycle on EOF ?: True
Stop thread on EOF ?: False
Sharing mode: All threads

图 9-9　CSV 格式配置文件设置

| data.csv | 2021/10/17 13:33 | XLS 工作表 |
| Script.jmx | 2021/10/13 13:22 | JMX 文件 |

图 9-10　将记事本文件改为扩展名为 .csv 的文件

	A	B	C	D	E
1	1	A	G	1	
2	2	C	H	1	
3	3	B	J	1	

图 9-11　data.csv 文件的内容

- Filename：文件的完整路径，包括文件名和类型。
- File encoding：文件编码。
- Variable Names(comma-delimited)：储存参数的变量名，如果在 .csv 文件中已写变量名，这里就不需要写了，如果在这里写，则需要将每个变量名用","隔开。
- Delimiter(use "t" for tab)：分隔多个参数的分隔符。
- Allow quoted data?：是否有引用数据，ps：如果参数中有逗号或双引号，要选为"true"。
- Recycle on EOF?：文件读取完后是否继续读取。
- Stop thread on EOF?：文件读取完后是否停止线程。

步骤 5：在 migu 线程组下新建一个监听器，用于查看结果树。

步骤 6：在循环器下新建一个事务点，将 HTTP 请求拖到事务点下，效果如图 9-12 所示。

步骤 7：在 HTTP 请求下建一个集合点，如图 9-13 所示。

步骤 8：运行前需要设置运行时线程组属性。在该线程组处配置 50～100 个并发用户

图 9-12　添加事务控制器

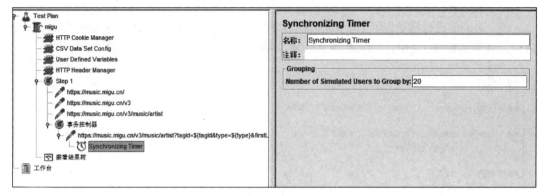

图 9-13　新建集合点

和合适的 ramp-up period，线程组执行时间为 1min。

注意：在使用 JMeter 自带的 run 功能时，不要使用超过 30 的线程数运行脚本，否则可能造成端口被封。此外，要使用较小线程数（10 以内）运行脚本和进行评分，以保证除线程组以外的评分项获得理想分数；然后调整线程组配置，直接进行评分，注意不使用 JMeter 自带的 run 功能。这里，ramp-up period 一般是线程数的 $1/5\sim1/4$。

9.3.2　Web 功能测试实例

【例 9-2】　使用 selenium 完成如下描述的美团—南京—酒店对应功能的自动化测试。系统链接为 nj. meituan. com。

测试操作如下。

（1）打开美团网首页并定位在南京（nj. meituan. com）。

（2）通过首页中的轮播图进入酒店首页，如图 9-14 所示。

（3）单击左上方立即登录按钮，进入登录界面输入用户名、密码进行登录（需要事先自己通过短信验证码完成一次登录）。

图 9-14　美团酒店轮播图

（4）在入住和离店框中设置日期为 7 月 4 日入住，7 月 6 日离店，如图 9-15 所示。

图 9-15　美团酒店入住设置

（5）对酒店进行筛选（通过选中复选框后方的文字实现筛选，不要选中复选框），如图 9-16 所示。具体的位置、星级、类型、品牌和价格，可根据设计的测试用例进行填写或选择。

图 9-16　对酒店进行筛选

（6）对排位第一的酒店查看详情，预订排位第一的房型，如图 9-17 所示。

图 9-17　查看排位第一的酒店详情并预订房型

（7）填写入住人和联系手机并提交订单，如图 9-18 所示。

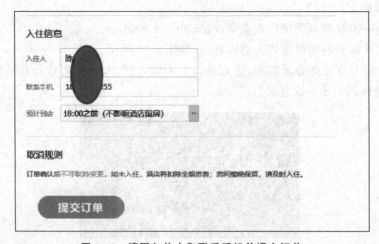

图 9-18　填写入住人和联系手机并提交订单

（8）进入付款页面后在"我的美团"中查看"我的订单"，如图 9-19 所示。

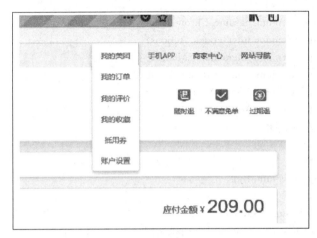

图 9-19　查看"我的订单"

（9）在全部订单中，找到刚才的订单单击去支付，如图 9-20 所示。

图 9-20　单击订单去支付

（10）在支付页面选择取消订单，选择计划有变，没时间消费后确定取消，如图 9-21 所示。

图 9-21　取消订单

美团—南京—酒店功能测试 Java 代码示例如下。

```java
import org.openqa.selenium.chrome.ChromeDriver;
import org.openqa.selenium.interactions.Actions;
import org.openqa.selenium.interactions.Mouse;
import org.openqa.selenium.remote.RemoteWebDriver;
import org.openqa.selenium.WebDriver;
import org.openqa.selenium.WebElement;
import java.util.ArrayList;
import java.util.List;
import java.util.Set;
import org.openqa.selenium.By;
public class Example {
    //Mooctest Selenium Example
    //<! > Check if selenium-standalone.jar is added to build path.
    public static void test(WebDriver driver) throws InterruptedException {
        //TODO Test script
        //eg:driver.get("https://www.baidu.com/")
        //eg:driver.findElement(By.id("wd"));
        driver.get("https://dangshan.meituan.com/");              //打开美团
        Thread.sleep(2000);
        driver.manage().window().maximize();
        driver.findElement(By.className("change-city")).click();       //单击切换城市
        Thread.sleep(2000);
        driver.findElement(By.xpath("//*[@id=\"react\"]/div/div[1]/div[2]/input")).sendKeys
        ("nanjing");                                         //输入 nanjing
        Thread.sleep(1000);
        driver.findElement(By.xpath("//*[@id=\"react\"]/div/div[1]/div[2]/div/div/a[1]")).
        click();                                            //单击南京
        Thread.sleep(2000);
        driver.findElement(By.xpath("//*[@id=\"react\"]/div/div/div[1]/div[2]/div[3]/a[1]/
        div")).click();                                        //单击住酒店
        Thread.sleep(2000);
        int j=0;
        String win = driver.getWindowHandle();
        //获取所有窗口句柄
        Set<String> Windows = driver.getWindowHandles();
        //把获取到的窗口句柄放到 list 中
        List<String> allWindows = new ArrayList<String>(Windows);
        //切换到新打开的窗口
        for (int i = 0; i < allWindows.size(); i++) {
        if (! allWindows.get(i).equals(win)) {
        j = i;
        }
        }
        driver.switchTo().window(allWindows.get(j));
```

```
//切换窗口
driver. findElement(By. xpath("//*[@id=\"app\"]/div/div[2]")). click();
Thread. sleep(1000);
driver. findElement(By. xpath("//*[@id=\"search-header-placeholder\"]/div/div/div[2]/div
[1]/div[1]")). click();                                     //入住日期
Thread. sleep(1000);
String
n=driver. findElement(By. xpath("//*[@id=\"search-header-placeholder\"]/div/div/div
[2]/div[1]/div[2]/div/span/input[2]")). getAttribute("value");   //获取 value 值
for(int i=0;i<12;i++){
if(n! ="11") {
int m=Integer. parseInt(n);                                  //转 int
//System. out. println("m="+m);
m=m+1;
driver. findElement(By. xpath("//*[@id=\"search-header-placeholder\"]/div/div/div[2]/div
[1]/div[2]/div/a[2]")). click();                             //单击'>'
n=Integer. toString(m);                                      //转 string
//System. out. println("n="+n);
if(m==11)
{
break;
}
}
}                                                            //自动单击至 11
Thread. sleep(2000);
driver. findElement(By. xpath("//*[@id=\"search-header-placeholder\"]/div/div/div[2]/div
[1]/div[2]/table/tbody/tr[1]/td[5]")). click();              //3 号
Thread. sleep(1000);
driver. findElement(By. xpath("//*[@id=\"search-header-placeholder\"]/div/div/div[2]/div
[2]/div[2]/table/tbody/tr[2]/td[2]")). click();              //7 号
Thread. sleep(2000);
//driver. findElement(By. xpath("//html/body/mieta/main/section/section/div[2]/div[1]/div
[1]/div[3]/div[5]/span")). click();                          //车站/机场
driver. findElement(By. cssSelector(". search-row-item:nth-child(5) > . search-arrow-tab")).
click();
Thread. sleep(1000);
driver. findElement(By. xpath("//*[@id=\"app\"]/section/section/div[2]/div[1]/div[2]/
div[5]/div[1]/a[1]")). click();                              //南京站
Thread. sleep(1000);
driver. findElement(By. xpath("//*[@id=\"app\"]/section/section/div[2]/div[2]/div/div
[3]/span[1]/a")). click();                                   //星级:经济型
Thread. sleep(1000);
driver. findElement(By. xpath("//*[@id=\"app\"]/section/section/div[2]/div[3]/div/div
[3]/span[1]/a")). click();                                   //类型:经济型酒店
Thread. sleep(1000);
driver. findElement(By. xpath("//*[@id=\"list-view\"]/div[1]/article[1]")). click();
Thread. sleep(1000);
```

```
        }
    public static void main(String[] args) {
            //Run main function to test your script.
            WebDriver driver = new ChromeDriver();
            try { test(driver); }
            catch(Exception e) { e.printStackTrace(); }
            finally { driver.quit(); }
        }
}
```

第3部分

软件测试实验与工具

第 **10** 章 软件测试实验

10.1 常规软件测试实验

10.1.1 实验 1：面向功能的测试

1. 实验目的

用 C++ 语言开发程序作为测试对象，并使用等价类和边界值测试等黑盒测试方法进行测试。通过本实验练习撰写测试计划、测试用例、测试报告及软件规格说明。

2. 实验要求

(1) 用 C 语言开发程序。

(2) 程序简洁。

(3) 相关文档美观、清晰、简洁。

3. 实验内容

(1) 测试计划：根据任务分工做好时间计划，写明测试目的、方法、策略等。

(2) 撰写软件规格说明书：以三角形判定程序为例，也可自选其他小程序。

(3) 使用 C++ 编写待测程序。

(4) 等价类法设计测试用例、边界值法补充设计测试用例。

(5) 撰写测试报告，包括测试效果和软件质量分析。

4. 注意事项

(1) 写出程序代码。

(2) 要求有对错误输入的处理。

(3) 文字说明程序设计、运行过程及注意事项。

(4) 可以附程序运行的结果截图。

程序代码提示如下。

```cpp
#include <iostream>
using namespace std;
void f_p(double a,double b,double c);          //判断三角形是否成立
void f_pi(double a,double b,double c);         //判断是不是等腰三角形
void f_pe(double a,double b,double c);         //判断是不是等边三角形
int main()
{
    cout<<"输入三角形的三条边长"<<endl;        //输入提示语
```

```
        double a,b,c;
        cin>>a>>b>>c;                           //输入三边的值
        f_p(a,b,c);
        return 0;
    }
    void f_p(double a,double b,double c)
    {
        if(a+b>c&&a+c>b&&b+c>a&&a-b<c&&b-a<c&&a-c<b&&c-a<b&&b-
    c<a&&c-b<a)
        {
            f_pi(a,b,c);
        }
        else cout <<"三角形不成立"<< endl;
    }
    void f_pi(double a,double b,double c )
    {
        if(a==b||a==c||b==c)
        {
            f_pe(a,b,c);
        }
        else cout <<"普通三角形"<< endl;
    }
    void f_pe(double a,double b,double c)
    {
        if(a==b&&b==c&&a==c)
        {
            cout <<"等边三角形"<< endl;
        }
        else cout <<"等腰三角形"<< endl;
    }
```

10.1.2 实验 2：面向逻辑覆盖的测试

1. 实验目的

掌握面向覆盖的白盒测试用例设计方法。

2. 实验要求

程序简洁规范,注释清楚;实验报告简洁、美观、清晰。

3. 实验内容

(1) 对于实验 1 的程序,画出程序流程图和控制流图。

(2) 计算圈复杂度,并给出图矩阵。

(3) 使用基本路径测试法设计测试用例。

(4) 设计面向语句覆盖、条件覆盖、组合覆盖、路径覆盖的测试数据。

(5) 分别执行各种测试用例,并撰写测试报告,内容包括:①对测试方法、策略的描述;②面向语句覆盖、条件覆盖、组合覆盖、所有逻辑路径覆盖的测试用例;③运行结果截图;④测试结果分析。

10.2　自动化测试工具设计

10.2.1　实验3：插桩与路径表达

1. 实验目的

理解插桩的含义；实现白盒测试统计的自动化。

2. 实验要求

(1) 程序简洁规范,注释清楚。

(2) 路径表达清楚。

(3) 能够实现测试结果的自动统计。

(4) 实验报告美观、清晰。

<table><tr><td>科
研
入
门</td><td>编写代码,实现测试数
据的自动生成。</td></tr></table>

3. 实验内容

(1) 在被测程序中完成插桩,使程序运行时能够输出执行路径的编号,即在使用测试数据测试程序时,能够直接输出走过的路径(自动化实现的工具准备)。

(2) 通过程序自动读入测试数据,并运行程序。

(3) 实现对一组测试数据路径覆盖率的自动计算。如果未达到100％覆盖,则分析原因,并补充测试用例。

(4) 撰写测试报告,内容包括:①带插桩的程序;②自动读入测试数据,并运行被测程序的功能代码;③实现测试数据路径覆盖率自动计算的代码。

4. 注意事项

(1) 将插桩代码标红显示。

(2) 对插桩及路径的表达含义,要适当使用注释文字说明。

10.2.2　实验4：随机测试

1. 实验目的

(1) 理解自动化测试的思想。

(2) 理解随机、自适应随机和反随机法生成测试数据的思想。

(3) 实现至少一种随机方法的自动测试数据生成。

(4) 理解完整的自动测试工作流程。

2. 实验要求

(1) 程序简洁规范,注释清楚。

(2) 路径表达清楚。

(3) 能够实现测试结果的自动统计。

(4) 实验报告美观、清晰。

(5) 包含程序运行结果截图。

3. 实验内容

前期条件:有被测试程序,且已完成插桩,使测试数据输入后能够直接输出走过的路径。

（1）随机生成测试数据。

（2）实现自动化测试：使用随机生成的测试数据，对插桩后的三角形判定程序进行测试，并显示结果。

（3）实现简单的自动化结果分析：由程序运行给出：随机生成的数据走过及没有走过的路径，自动得出随机生成测试数据的路径覆盖率。

（4）撰写测试报告，内容包括：①对测试方法、策略的描述；②3个程序（1个基本随机生成测试数据的程序，1个使用反随机或自适应随机法生成测试数据的程序，1个能够显示完整输出结果的总程序）；③运行结果截图（自动显示测试数据，以及其走过的路径和所有数据都没有走过的路径）；④对测试结果进行分析；⑤如果没有实现覆盖率的100%，则补充测试用例，并说明补充时使用的技术。

开发随机生成测试数据的程序如下。

```cpp
#include <iostream>
#include <stdlib.h>
#include <time.h>
using namespace std;
int main()
{
    int number,i=0;
    time_t t;
    srand(time(&t));
    for(i=0; i<3; i++)
    {
        number=rand();
        cout << number%100 <<" ";
    }
}
```

完整程序代码如下。

```cpp
#include <iostream>
#include <cmath>            //abs 绝对值函数
#include <time.h>
#include <cstdlib>          //srand()用来初始化随机数种子,rand()用来产生随机数
#include <cstring>          //memset
using namespace std;
int p[3]= {0};              //路径数组
int q[6]= {12,13,14,15,67,68}; //特征值数组
int pd[6]= {0};             //判断是否输出过
int main()
{
    int t=0;
    int w=100;
    srand(time(NULL));        //随机数种子初始化
    //time(NULL) 获取系统时间,单位为秒 <time.h>
    while(w--)
    {
        int a,b,c,i=0;
```

```
        a=rand()%20;
        b=rand()%20;
        c=rand()%20;

        if(((((a+b)>c&&c>abs(a-b))&&((c+b)>a&&a>abs(c-b))&&((a+c)>b&&b>
    abs(a-c))))
            {
                p[i++]=1;                    //可以构成三角形
                if((a*a+b*b==c*c)||(b*b+c*c==a*a)||(a*a+c*c==b*b))
                {
                    t=12;
                    p[i++]=2;                //直角三角形
                }

                else if(a==b||a==c||b==c)
                {

                    if(a==b&&b==c&&a==c)
                    {
                        t=13;
                        p[i++]=3;            //等边三角形
                    }
                    else
                    {
                        t=14;
                        p[i++]=4;            //等腰三角形
                    }
                }
                else
                {
                    t=15;
                    p[i++]=5;                //普通三角形
                }
            }
            else
            {
                p[i++]=6;                    //无法构成三角形
                if(a>0&&b>0&&c>0)
                {
                    t=67;
                    p[i++]=7;                //不满足构成三角形条件
                }

                else
                {
                    t=68;
                    p[i++]=8;                //输入数据包含 0
                }
            }
            for(int j=0; j<=6; j++)
            {
                if(t==q[j]&&pd[j]==0)
```

```
    {
        cout <<"三条边："<< a <<' '<< b <<' '<< c << endl;
        if(t==12) cout <<"直角三角形"<< endl;
        else if(t==13) cout <<"等边三角形"<< endl;
        else if(t==14) cout <<"等腰三角形"<< endl;
        else if(t==15) cout <<"普通三角形"<< endl;
        else if(t==67) cout <<"无法构成三角形"<< endl;
        else cout <<"数据输入错误"<< endl;
        cout <<"走过的路径：";
        for(i=0; i<2; i++)
        {
            if(p[i]) cout << p[i]<<' ';
        }
        cout << endl << endl;
        pd[j]++;                    //判断数组更改为输出过
    }
  }
 }
}
```

10.3 自动化测试工具使用

10.3.1 实验 5：单元测试工具 JUnit

1. 实验目的
(1) 理解单元测试的目的、内容和过程。
(2) 熟悉 JUnit 测试环境配置。
(3) 掌握使用 JUnit 进行单元测试的过程。

2. 实验内容
(1) 根据下面的对 SaleMachine 程序功能的描述，设计本程序的功能测试用例。
(2) 根据所给的被测程序 SaleMachine. java 代码，利用 JUnit 完成功能测试。
(3) 撰写测试报告，内容包括：①SaleMachine 程序的流程图、功能测试用例表；②功能测试用例类 SaleMachineFunctionTest. java 代码；③运行结果截图；④测试结果分析；⑤根据测试结果对程序的修改方案。

3. 注意事项
(1) 将测试失败的方法标红显示。
(2) 对测试失败的原因进行文字说明。

4. 具体问题描述
SaleMachine 程序功能是模拟一台简单的啤酒售卖机，它遵守以下的销售规则。
(1) 啤酒销售价格为 5 角。
(2) 机器仅接收 1 元和 5 角两种硬币，如果投入其他类型货币，将会提示错误信息。
(3) 当收到 5 角硬币时，机器检查啤酒库存，若库存短缺，则提示错误信息；反之，销售成功,记录库存和硬币数量变化信息。

(4) 当收到 1 元硬币时,机器首先检测是否有 5 角硬币进行找零,若缺少零钱则提示错误信息;有零钱的前提下,接着检查啤酒库存,若库存短缺,则提示错误信息;反之,销售成功,记录库存和硬币数量变化信息。

被测程序 SaleMachine.java 代码如下。

```java
package test;
public class SaleMachine {
    private int countOfBeer, countOfFiveJiao, countOfOneYuan;  //售货机中 3 个资源变量,分别代
    //表啤酒的数量、5 角硬币的数量、1 元硬币的数量
    private String resultOfDeal;                               //销售结果
    public SaleMachine()                                      //默认构造函数
    {
        initial();                                            //初始化
    }
    public void initial()                                     //将各类资源的数量清零
    {
        countOfBeer = 0;                                      //售货机啤酒数量清零
        countOfFiveJiao = 0;                                  //售货机 5 角硬币数量清零
        countOfOneYuan = 0;                                   //售货机 1 元硬币数量清零
    }
    public SaleMachine(int fiveJiao, int oneYuan, int numOfBeer)
    //有参数的构造函数,将实际参数传递给形参,对类中属性变量初始化
    {
        countOfFiveJiao = fiveJiao;
        countOfOneYuan = oneYuan;
        countOfBeer = numOfBeer;
    }
    public String currentState()                             //获取售货机当前 4 种资源变量的数量值
    {
        String state = "Current State\n" + "Beer:" + countOfBeer + "\n" + "5 Jiao:" +
countOfFiveJiao + "\n" + "1 Yuan:" + countOfOneYuan;
        return state;
    }

    public String operation(String money)                   //售货机操作控制程序
    //type 参数代表客户选择的购买商品类型,money 参数代表客户投币类型
    {
        if (money. equalsIgnoreCase("5J"))                  //如果客户投入 5 角硬币
        {
            if (countOfBeer > 0)                            //如果还有啤酒,进行交易,修改资源数量
            {
                //路径 S1 输出信息
                countOfBeer--;
                countOfFiveJiao++;
                resultOfDeal = "Input Information\n" + "Money:5 Jiao;Change:0";
                return resultOfDeal;
            } else //没有啤酒,输出啤酒短缺的信息
            {
                //路径 S2 输出信息
                resultOfDeal = "Failure Information\n" + "Beer Shortage";
                return resultOfDeal;
```

```
            }
        } else if (money. equalsIgnoreCase("1Y"))              //如果客户投入 1 元硬币
        {
            if (countOfFiveJiao > 0)                           //如果售货机有 5 角硬币
            {
                //路径 S3 输出信息,还有啤酒
                if (countOfBeer >= 0) {
                    countOfBeer--;
                    countOfFiveJiao++;
                    countOfOneYuan++;
                    resultOfDeal = "Input Information\n" + "Money:1 Yuan;Change:5 Jiao";
                    return resultOfDeal;
                } else {
                    //路径 S4,没有啤酒,输出啤酒短缺信息
                    resultOfDeal = "Failure Information\n" + "Beer Shortage";
                    return resultOfDeal;
                }
            } else //售货机没有 5 角硬币,输出零钱短缺错误信息
            {
                //路径 S5 输出信息
                resultOfDeal = "Failure Information\n" + "Change Shortage";
                return resultOfDeal;
            }
        } else //客户输入不是 5J 和 1Y,输出投币类型错误信息
        {
            //路径 S6 输出信息
            resultOfDeal = "Failure Information\n" + "Money Error";
            return resultOfDeal;
        }
    }
}
```

编写功能测试用例类 SaleMachineFunctionTest. java 的部分代码提示如下。

```
package test;
import static org. junit. jupiter. api. Assertions. * ;
import org. junit. Before;
import org. junit. Test;
public class SaleMachineFunctionTest {
    private SaleMachine saleMachine;
    @Before
    public void setUp() throws Exception {
        saleMachine = new SaleMachine(5,5,5);
    }

    @Test
    public void testOperation1() {
        saleMachine. operation("5J");
        String expectedResult = "Current State\n" + "Beer:4\n" + "5 Jiao:6\n" + "1 Yuan:5";
        assertEquals(expectedResult, saleMachine. currentState());
    }
```

```
@Test
public void testOperation2() {
    saleMachine. operation("1Y");
    String expectedResult = "Current State\n" + "Beer: 4\n" + "5 Jiao: 4\n" + "1 Yuan: 6";
    assertEquals(expectedResult，saleMachine. currentState());
}
@Test
public void testOperation3() {
    saleMachine. operation("1J");
    String expectedResult = "Current State\n" + "Beer: 5\n" + "5 Jiao: 5\n" + "1 Yuan: 5";
    assertEquals(expectedResult，saleMachine. currentState());
}
@Test
public void testOperation4() {
    saleMachine. operation(null);
    String expectedResult = "Current State\n" + "Beer: 5\n" + "5 Jiao: 5\n" + "1 Yuan: 5";
    assertEquals(expectedResult，saleMachine. currentState());
}
}
```

10.3.2 实验 6：性能测试工具 JMeter

1. 实验目的

(1) 掌握测试工具 JMeter 的安装和使用方法。

(2) 理解性能测试内容。

(3) 能够完成一个简单的脚本录制，运行脚本，查看运行结果。

2. 实验要求

(1) 能够实现测试结果的自动统计。

(2) 实验报告美观、清晰。

3. 实验内容

(1) 对"喜马拉雅"中的"电台"功能进行性能测试，在测试过程中必须按要求对录制的脚本进行修改（包括参数化、集合点、事务等）。系统链接：https://www.ximalaya.com/radio，具体测试操作要求见下文。

(2) 撰写测试报告，内容包括：①利用 JMeter 进行性能测试的过程；②运行结果截图；③测试结果分析。

4. 测试操作要求

(1) 创建名为 ximalaya 的线程组（thread group），该线程组负责对喜马拉雅电台搜索功能进行性能测试，相关操作应放置在该线程组中。

(2) 先进入喜马拉雅页面，单击"电台"；然后对电台进行筛选操作（单击红框内的任意选项），如图 10-1 所示。

(3) 在该线程组处配置 50～100 个并发用户和合适的 ramp up period，线程组执行时间为 1min。

(4) 对于这部分脚本，在关键的搜索请求处添加事务、参数化（对电台筛选页面的参数

图 10-1　喜马拉雅页面

进行参数化配置），并在关键搜索请求处添加集合点。

需要注意以下几点。

① 请使用 CSV 格式的数据文件配置（CSVDataSetConfig）进行参数化，不要使用 CSVRead 等方式。

② 参数文件请使用 CSV 格式；参数文件中最多包含 10 组数据即可，测试数据过多会导致评分速度过慢。

③ 请将参数文件和脚本文件放在同一级文件夹下，并在 CSV 格式的数据文件配置（CSV DataSetConfig）中使用相对地址作为参数文件名，如 data. csv，不需要在文件名前使用. /。文件不在同级目录、使用绝对地址，以及在文件名前使用. /这三种行为都会造成评分误差。

④ 事务的位置、参数化的位置和集结线程数请自行配置。

部分脚本提示如图 10-2 所示。

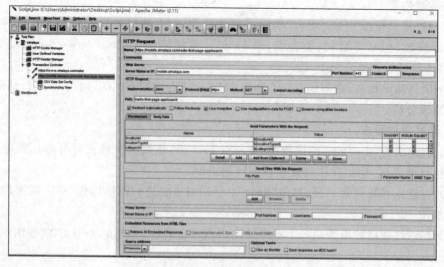

图 10-2　部分脚本提示

CSV 参数化截图如图 10-3 所示。

locationId	locationTypeId	categoryId	pageNum	pageSize
130000	0	8	1	48
230000	0	11	1	48
150000	0	14	1	48

图 10-3　CSV 参数化截图

为实现软件产业和高等教育的资源对接,探索产教研融合的软件测试专业培养体系,进一步推进高等院校软件测试专业建设,深化软件工程实践教学改革,2016年,教育部软件工程专业教学指导委员会、中国计算机学会软件工程专业委员会、中国软件测评机构联盟、中国计算机学会系统软件专业委员会和中国计算机学会容错计算专业委员会联合举办首届"全国大学生软件测试大赛"。目前,该项比赛已吸引了全国32个省区市1000多所高校参与,参赛人次累计超过10万。大赛已被IEEE国际可靠性学会纳入国际竞赛系列,并于2023年列入教育部观察赛事榜单,2024年被多个省份列入省级大学生竞赛目录,成为全国乃至全球最有影响力的软件测试专项大赛。

2023年,蓝桥杯全国软件和信息技术专业人才大赛中也举行了软件测试赛项,中国计算机学会计算机应用专业委员会也已于2024年举办了中国计算机应用技术大赛——全国测试开发大赛,此外,传智杯和飞致云平台也于2024年举行了软件测试相关技能大赛。

软件测试竞赛的内容多样,包括理论测试知识竞赛、测试数据生成、测试用例设计、测试缺陷管理、测试计划制订、测试报告撰写、自动化测试、基于大模型的测试等多个方面,各竞赛也会设置不同的赛道,鼓励选手在团队中充分展示自己的软件测试理论知识和对测试技术灵活应用的能力,以及团队协作能力。

一、全国大学生软件测试大赛

全国大学生软件测试大赛详情可在大赛官网查询。传统竞赛项目包括开发者测试、Web应用测试、嵌入式测试,2024年还新增了鸿蒙原生应用测试和车联网安全测试两项独具特色的赛项。

(1)开发者测试是指软件开发者在开发过程中对自己编写的代码进行测试的活动。开发者要能够使用编程语言编写测试代码,能够理解项目的代码结构,并通过理解代码逻辑设计有效的测试用例。要求熟练使用至少一种单元测试框架,能够编写可读性强、可维护的测试脚本代码,快速实现尽可能高的覆盖率,并能够检测潜在的常见软件缺陷类型。

(2)Web应用测试是确保Web应用功能正确、性能稳定、用户体验良好的关键过程。要求测试人员至少熟悉一种编程语言和一种自动化测试框架;能够理解基本的网页结构和样式表,以便于进行UI的功能逻辑测试;能够综合运用各类测试方法编写功能测试用例,在验证应用功能的基础上提高缺陷检测能力;能够编写自动化测试脚本执行对应的测试用例,并对测试结果(如截屏、执行结果)进行综合分析;能够撰写测试报告。

(3)嵌入式测试要求测试人员根据组委会提供的嵌入式软件需求说明和被测软件,使用凯云ETest工具对其开展测试,发现其中预埋的问题,需求类型包括功能、性能、接口。

测试人员需根据组委会提供的问题报告模板,编写问题报告和相应测试用例。

（4）鸿蒙原生应用测试要求测试人员能够熟悉鸿蒙原生应用的基本结构和原理,以便全面地进行测试设计。同时,能够灵活运用测试方法编写准确的测试用例,并按照测试用例执行测试动作,对测试结果(如发现缺陷、执行结果)进行综合分析,撰写测试报告。

（5）车联网安全测试重点关注 CAN 总线、车载软件应用、摄像头图像识别三部分。希望通过竞赛普及车联网安全相关概念,激发更多学生对车联网安全的关注,从而促进相关技术的进步。

大赛报名通道通常在 9 月开启,登录大赛官网报名。预选赛时间通常为 10 月的倒数第 2 个周末。预选赛为互联网比赛形式,不限制比赛地点,全国统一线上举行。参赛选手可任选赛项参赛,在时间不冲突的前提下可参加多个分项赛。

省赛时间通常为 11 月的第 1 个周末。各省根据实际情况安排线下或者线上比赛;未设置省赛所在地区的选手按照互联网比赛方式进行全国排名竞争总决赛资格。

总决赛时间通常为 11 月底或 12 月初。总决赛为现场赛。

三个传统赛项培训视频见"慕测平台"公众号及 B 站号 CST_Mooctest。

二、全国测试开发大赛

2024 中国计算机应用技术大赛（CAT）——全国测试开发大赛（National Testing and Development Competition,NTDC）由中国计算机学会主办,CCF 计算机应用专业委员会承办。

大赛由省赛、全国总决赛组成。2024 年的大赛每场考试 24 道题,其中,选择题 20 道,代码题 4 道。选择题考察对基本知识概念的理解与掌握,代码题从企业用人需求角度考察参赛者的编程能力、算法和数据结构、设计模式、业务分析与测试能力、自动化测试能力、软件测试工程实践和规范等。

赛事通常分为本科研究生组和高职高专组两个组别。

本科研究生组:本科生、硕士研究生、博士研究生。

高职高专组:高职高专院校在校学生。

注:每位选手只能申请参加其中一个组别的竞赛,各个组别单独评奖,2024 年比赛均为个人赛。

竞赛不限制提交次数,以最后一次提交为准。

竞赛总成绩为选择题与代码题的分数总和,如果总成绩相同,按照考试提交时间的先后进行排名。

其他详情及比赛变化情况请见竞赛当年的通知。

三、传智杯软件测试大赛

2024 年,传智杯全国 IT 技能大赛中也增加了软件测试的赛事。传智杯软件测试大赛以提交作品评比的方式进行。举办方希望能够挖掘出更多优秀的软件测试人才,推动软件测试行业的持续发展和创新,为未来的软件测试领域注入更多的活力和智慧。

目前,传智杯软件测试大赛的比赛内容包括功能测试、接口自动化测试和性能测试。

赛事划分为研究生组、A组、B组、C组四个组别。

比赛作品要求包含压缩包及正文讲解视频链接(项目源代码、作品文档介绍、演示及讲解视频)。作品介绍文档要求包括项目概要介绍及覆盖测试方向;该项目实施测试的亮点;测试过程中涉及的关键技术;项目相关的截图/照片;是否首次公开发布,若非首次公开,请说明优化部分。

参 考 文 献

[1] 李海生,郭锐.软件测试技术案例教程[M].北京:清华大学出版社,2012.

[2] 教育部考试中心.全国计算机等级考试四级教程——软件测试工程师[M].北京:高等教育出版社,2009.

[3] 高勇,孙军.软件评测师考试考点分析与真题详解[M].北京:电子工业出版社,2010.

[4] 王兴亚,王智钢,赵源,等.开发者测试[M].北京:机械工业出版社,2019.

[5] 路晓丽,董卫云.软件测试实践教程[M].北京:机械工业出版社,2017.

[6] 周元哲.软件测试习题解析与实验指导[M].北京:清华大学出版社,2017.

[7] 贺平.软件测试教程[M].北京:电子工业出版社,2008.

[8] 郑炜,李宁,陈翔,等.软件测试(慕课版)[M].北京:人民邮电出版社,2022.

[9] 王智钢,杨乙霖.软件质量保证与测试(慕课版)[M].北京:人民邮电出版社,2020.

[10] 霍格沃兹测试开发学社.软件测试开发理论与项目实战教程[M].北京:人民邮电出版社,2022.

[11] RexBlack.软件测试实践[M].郭耀,译.北京:清华大学出版社,2008.

[12] 黑马程序员.软件测试[M].北京:人民邮电出版社,2019.

[13] 巩敦卫,姚香娟,张岩.测试数据进化生成理论及应用[M].北京:科学出版社,2014.

[14] 卢家涛.自动化测试项目实践——从入门到精通[M].北京:清华大学出版社,2023.

[15] 巩敦卫,张岩.一种新的多路径覆盖测试数据进化生成方法[J].电子学报,2010,38(6):6. DOI:CNKI:SUN:DZXU.0.2010-06-012.

[16] 张岩,巩敦卫.基于稀有数据扑捉的路径覆盖测试数据进化生成方法[J].计算机学报,2013,36(12):12.

[17] 丁蕊,董红斌,张岩,等.基于关键点路径的快速测试用例自动生成方法[J].软件学报,2016(4):14.

[18] 丁蕊,董红斌,冯宪彬,等.基于烟花爆炸优化算法的测试数据生成方法[J].计算机应用,2016,36(10):6.

[19] Ding R,Feng X,Li S,et al. Automatic generation of software test data based on hybrid particle swarm genetic algorithm[C]//Electrical&ElectronicsEngineering. IEEE,2012.

[20] 程孟飞,丁蕊.基于佳点集遗传算法的多路径覆盖测试用例生成[J].计算机与数字工程,2022,50(9):1940-1944.

[21] 霍婷婷,孙强,丁蕊,等.基于逐幸存路径处理的测试用例集约简技术[J].计算机应用研究,2023,40(1):229-233.

[22] 范书平,万里,姚念民,等.基于关键用例获取的测试用例排序方法[J].电子学报,2022,50(1):149-156.

[23] 夏春艳,王兴亚,张岩.基于多目标优化的测试用例优先级排序方法[J].计算机科学,2020,47(6):38-43.

[24] http://www.test-edu.com/.

[25] http://www.51testing.com/html/index.html.

[26] http://www.rbcs-us.com/.

[27] http://testing.csdn.net/.

[28] http://www.cntesting.com/.

[29] http://www.spasvo.com/.